シャープ崩壊

名門企業を壊したのは誰か

日本経済新聞社＝編

SHARP COLLAPSE

日本経済新聞出版社

シャープ崩壊◆目次

序章 人事抗争による悲劇

第1章 追い込まれたプリンス

第2章 実力会長の誤算

第3章 復讐のクーデター劇

第4章 内なる敵を排除せよ

第5章 受け継げない創業精神

第6章 危機再燃で内紛勃発

第7章 頓挫した再建計画

終章

悲劇は終わらない

主要人物紹介

早川徳次（はやかわ・とくじ）
シャープ創業者。1893年、東京都生まれ。8歳になる前に金属細工店に奉公する。職人としての腕を磨き、シャープの前身となるベルトのバックル製造会社を起こす。関東大震災で家族を亡くすも、拠点を東京から大阪に移して再起。シャープペンシルや国産初の鉱石ラジオなど、画期的な商品を自ら発明。「マネされるものをつくれ」と、革新技術を生み出す文化を広めた。1980年6月、86歳で逝去。松下電器産業（現パナソニック）の松下幸之助氏らが弔辞を述べた。

佐伯旭（さえき・あきら）
2代目社長。1917年生まれ。戦争で家族を失い15歳で早川金属工業研究所（現シャープ）に入社。努力家で入社後に学校に通いながら経理を習得、早川社長を番頭として支えた後、70年、社長に就いた。大阪・千里で開かれた万博への出展を断念し、奈良県天理市に研究センターを開設し世界企業の礎を築いた。「中興の祖」として人望も厚い。娘婿の兄の辻晴雄を第3代社長、娘婿の町田勝彦を第4代社長にした。2010年2月、92歳で逝去。

辻晴雄（つじ・はるお）
3代目社長。1955年関西学院大学商学部卒業、シャープに入社。消費者の声を取り入れた生活ソフトセンターを立ち上げて、扉を左右両側から開けられる冷蔵庫などユニークな商品の開発を指揮した。社長時代には

「すべての商品に液晶を」というキャッチフレーズを掲げた。「液晶ビューカム」など液晶の水平展開を推進して、「液晶のシャープ」としての道筋をつけた。

町田勝彦（まちだ・かつひこ）

4代目社長。1966年京都大学農学部卒業。乳業メーカーに就職し、69年シャープに入社するという異色の経歴を持つ。テレビ事業部長などを歴任した経験から、自社のブランド力が低いことを痛感。98年の社長就任と同時に、2005年までにテレビをブラウン管から液晶に置き換えることを宣言。シャープを一躍、テレビのトップメーカーに押し上げた。マーケティング手腕への評価がある一方、一流へのこだわりが身の丈を超えた無謀な投資につながった。

片山幹雄（かたやま・みきお）

5代目社長。1981年東京大学工学部を卒業し、シャープに入社。液晶の技術者として早くから頭角を現して「プリンス」と呼ばれ、2001年にシステム液晶開発本部長、07年、49歳の若さで社長に就任した。専務時代に構想した堺の液晶工場を09年に稼働させた。巨額赤字を招く原因をつくり、12年に社長を奥田隆司に譲って会長となった。13年5月には復権を狙い、奥田降ろしのクーデターを仕掛ける。同年6月にフェローに退いた。現在は日本電産の副会長兼最高技術責任者（CTO）。

浅田篤（あさだ・あつし）

元副社長。1955年にシャープに入社、技術のエースとして世界初の電子式卓上計算機などを開発する。液晶などの開発も推進した。98年に副社長を退任するまで40年余りもシャープの技術部門を引っ張った。創業者の早川や「中興の祖」の佐伯から直接薫陶を受けており、液晶への過剰投資を厳しく批判した。シャープ退社後には任天堂の会長も務めた。

浜野稔重（はまの・とししげ）

元副社長。１９７０年にシャープ入社、テレビ事業など主要事業を担当し、97年に取締役となった。社長だった町田の片腕として、２００１年に発売した液晶テレビ「ＡＱＵＯＳ（アクオス）」の販売に大きく貢献。08年に副社長に就いた。太陽電池事業の拡大路線を鮮明にし、その後に「負の遺産」と呼ばれる赤字要因をつくった。片山をライバル視して、経営を混乱させた。12年に常任顧問に退き、13年に退社。

奥田隆司（おくだ・たかし）

6代目社長。１９７８年に名古屋工業大学大学院を修了し、シャープに入社。２００３年にテレビなどを扱うＡＶシステム事業本部長に着任した。同年取締役に昇格し、06年から調達本部長。08年からは海外生産企画本部長、海外市場開発本部長と、海外事業の経験も積んだ。12年に社長となった。指導力を発揮できず、わずか1年でクーデターにより退任に追い込まれた。15年に顧問。

高橋興三（たかはし・こうぞう）

7代目社長。１９８０年に静岡大学大学院を修了し、シャープに入社。同社としては傍流の複写機の技術者として経歴を重ねた。

２００３年にドキュメント第１事業部長となり、06年から中国子会社の社長に就任。07年に帰国して白物家電を統括し、10年に米国法人の会長兼社長となった。12年に副社長となり、営業と海外事業を担当した。13年に社長に就任した。辻、町田ら過去の経営者を会社から遠ざけて人望を集め、14年３月期は３期ぶりの黒字に転換。ただ、経営改革では有効な手を打てずに、経営危機の再燃を招く。

水嶋繁光（みずしま・しげあき）

シャープ現会長。１９８０年に大阪大学大学院を修了してシャープに入社。２００３年にディスプレイ技術開発本部長となり、05年に取締役に就任した。同社の技術部門を牽引し、12年に副社長に着任。13年以降は社長の高橋を技術部門の統括として補佐した。15年に会長となり、電子情報技術産業協会（ＪＥＩＴＡ）会長に就任。

大西徹夫（おおにし・てつお）

シャープ副社長兼執行役員。１９７９年に大阪大学を卒業してシャープに入社。経理畑を歩み、２００３年に取締役経理本部長に就く。10年に太陽電池事業の責任者となるが赤字を出し、11年に欧州・中東欧本部副本部長として英国に赴任。経営状態が悪化した12年、急きょ呼び戻される形で経理本部長に復帰。14年に副社長となり、企画と管理のトップに君臨。高橋の側近として「陰の社長」とも呼ばれた。15年に赤字転落の責任をとる形で取締役から外れたが、その後も副社長として液晶事業の構造改革を担っている。

方志教和（ほうし・のりかず）

シャープの元液晶担当役員。1978年に大阪市立大学大学院を修了し、シャープ入社。町田に直言して逆鱗に触れ、09年には子会社社長に出向。11年に社長だった片山に引き上げられた。13年以降、中小型液晶の中国への売り込みなどで活躍した。15年に液晶事業の採算悪化の責任をとって取締役を退任、現在は顧問。

中山藤一（なかやま・ふじかず）

1977年シャープ入社。複写機の技術者で、高橋興三社長とのつきあいは長い。13年に専務となり、白物家電などを含めた製品部門を統括。方志とともに15年6月顧問に退いた後、同年12月ニチコンに転職。

長谷川祥典（はせがわ・よしすけ）

シャープの代表取締役でナンバー2。1980年に立命館大学大学院を修了してシャープに入社。携帯電話事業に精通。09年に主力の液晶事業も担当。13年からは携帯電話事業に専念し、同事業を安定させた。15年の経営危機を受けて代表取締役専務に昇格。白物家電、携帯電話などのコンシューマーエレクトロニクスカンパニー社長を務める。

人物相関図

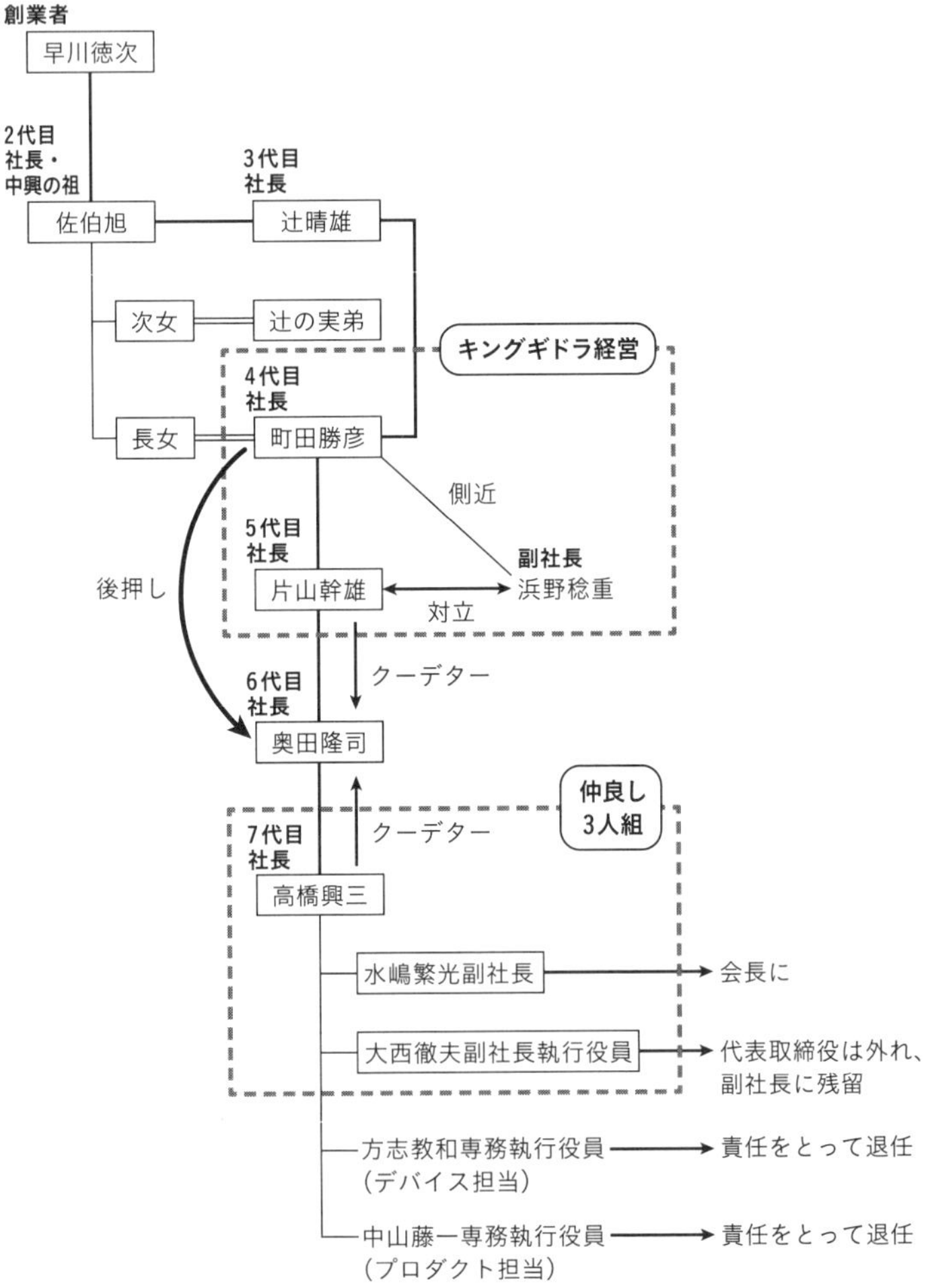

創業者
早川徳次
2代目
社長・
中興の祖
佐伯旭
3代目
社長
辻晴雄
次女
辻の実弟
キングギドラ経営
4代目
社長
長女
町田勝彦
側近
5代目
社長
副社長
浜野稔重
後押し
片山幹雄
対立
クーデター
6代目
社長
奥田隆司
仲良し
3人組
クーデター
7代目
社長
高橋興三
水嶋繁光副社長
会長に
大西徹夫副社長執行役員
代表取締役は外れ、
副社長に残留
方志教和専務執行役員
(デバイス担当)
責任をとって退任
中山藤一専務執行役員
(プロダクト担当)
責任をとって退任

序章

人事抗争による悲劇

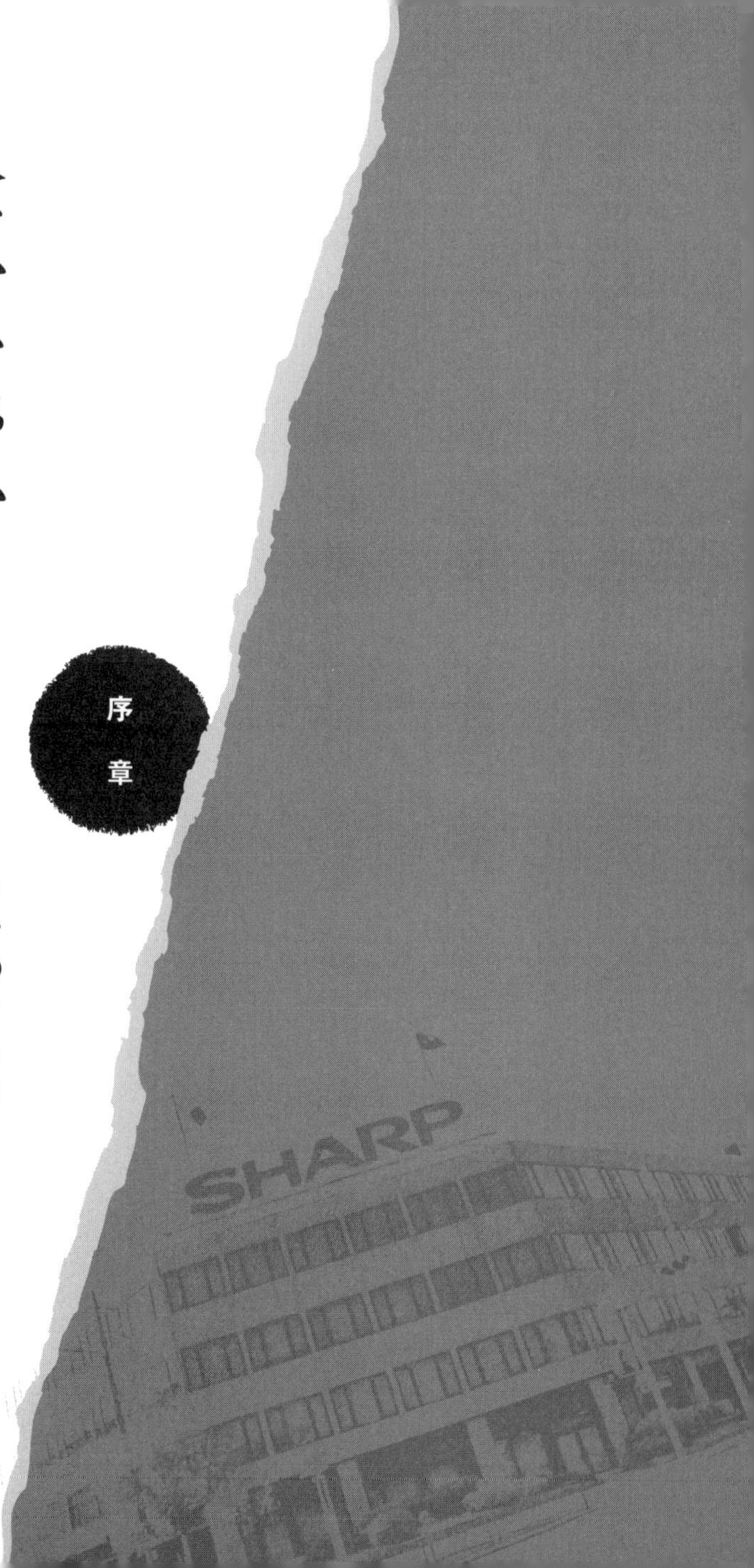

英国の劇作家、ウィリアム・シェイクスピアが史劇「リチャード3世」で描いたのは、絶対権力という魔性にとりつかれて破滅する人間の悲劇である。

15世紀後期、英国王位継承を巡る薔薇《ばら》戦争の末期のことだ。「白い薔薇」を家紋とするヨーク家の王エドワード4世が病に倒れると、末弟のグロスター公リチャード（のちのリチャード3世）は王位簒奪《さんだつ》のために天才的な権謀術数を仕掛ける。兄や、その妻や幼い王子たち、家臣の貴族らを次々に殺めていく。ただ、王座を奪うや、「赤い薔薇」を家紋とするランカスター家のリッチモンド伯（のちのヘンリー7世）に攻められて横死する。

ラストシーンは鬼気迫る。謀殺した多くの人たちの亡霊にさいなまれたリチャード3世は足を引きずりながら、断末魔の叫びをあげる。「馬をくれ！　馬を！　代わりにこの国をやるぞ、馬をくれ！」（新潮文庫）——。その無残な死骸はさらされ、人々の憎悪の視線を集めることになった。

現代の日本では、シェイクスピアの悲劇のように人々が権力を奪うために剣で殺し合うことはない。権力を巡る戦いは主な舞台が「会社」であり、サラリーマンの最大の関心事である人事の悲喜劇として繰り広げられる。だが、経営者のエゴや保身によって権力闘争が火を噴くと、会社は危機に陥り、社員たちが最大の犠牲者になる。血は流れないが、残酷な光景である。

「なんであいつが社長」

シャープは権力者の人事抗争の末に悲劇が起きた。堺工場（堺市）に代表される液晶事業への身の丈にあわない巨額投資の失敗はもちろんだが、経営危機に陥った後に内紛が激化し、効果的な打開策を打ち出せず、傷口が広がったのである。

具体的には、第4代社長であり、「液晶のシャープ」を築いた町田勝彦と、プリンスと言われた5代目社長の片山幹雄が2011年から対立し、経営が迷走した。

片山社長時代は、会長の町田、その側近で副社長の浜野稔重が勝手に経営に口をはさむ「三頭政治」がまかり通った。幹部たちは大いに嘆いた。「うちの会社は（3本の首がある怪獣の）キングギドラみたいだ」

片山は12年4月、巨額赤字転落の責任をとらされ、社長を退任して代表権のない会長に祭り上げられる。後継社長となったのは、町田が「人畜無害」として据えた奥田隆司だった。社内の大方の見方はこうだった。

「なんで、あいつが社長やねん」――。奥田は社長候補として名前が挙がったことがなく、まったく準備ができていない。皮肉だったのはこの年、業績不振のテレビメーカーの三強がそろって社長交代に踏み切り、奥田の地味さと力のなさが逆にクローズアップされてしまったことである。

ソニーは米国のゲーム事業で頭角を現して元会長ハワード・ストリンガーの「四銃士」と呼ばれたうちの1人、平井一夫だ。パナソニックも元会長の実力者、中村邦夫により早くから社長候補に見いだされた津賀一宏が昇格した。両社とも「正真正銘のエース」がマウンドに上がった。

一方、奥田は指導力が圧倒的に不足していた。片山が復権を狙ってクーデターを敢行し、たった1年で無様な退任に追い込まれた。実力会長の町田がもし、シャープの危機的な状況を踏まえて実力社長を誕生させていたら、その後のストーリーは大きく変わっていたはずである。

13年6月、奥田の後を継いで第7代社長に就任したのが現任の高橋興三である。高橋は温厚な人柄で知られるが、したたかだった。もちろん、奥田と比べれば、役者が二枚も三枚も上だ。片山のクーデターでは実行部隊のリーダーでもあった。社長就任が内定するや、町田と、第3代社長の辻晴雄という大物OBを相次いで切った。専用車も個室もとりあげた。片山も追い出した。社長経験者が経営に口を挟み、危機を招いたことをよく知る社員たちは、高橋に喝采した。

だが、社内の熱気も長く続かなかった。高橋は複写機の技術者出身で、看板の液晶のように浮き沈みの激しいビジネスを抱えるシャープ再建の救世主としては力不足。結局は15年1月に危機を再燃させた。その後は主力取引先銀行の意を酌む格好でリストラ策をまとめ、自らは続投を許された。液晶部門の幹部らに詰め腹を切らせ、再び大量の人員削減も実施した。「銀行の言いなりでリストラばかりか」「なんで社長が責任をとらないんや」――。社員たちから怨嗟の声が上がった。

ソニーに嫉妬した歴代社長

シャープは液晶事業の失敗で経営危機に直面するまでは堅実経営をモットーとする優良企業で、独特な存在感を発揮した。創業者の早川徳次が発明したシャープペンシルはあまりにも有名だが、中小企業ながら世界初の商品を次々に生み出してきた。家族主義的な経営を大切にする社風の下で、技術者たちは楽園のように自由闊達な雰囲気で仕事ができた。米電気電子学会（ＩＥＥＥ）は14年、技術分野の歴史的な業績を讃える「ＩＥＥＥマイルストーン」に14インチの液晶モニターを認定した。電子式卓上計算機（電卓）と太陽電池に続く3度目の受賞は、日本企業として初めての快挙だった。

シャープの歴史を振り返れば、ソニーとも重なり合う部分がある。

ソニーの前身である東京通信工業は１９４６年5月、創業者の井深大と盛田昭夫によって、技術者が技能を最大限に発揮できる「愉快なる理想工場」を目指して設立された。井深が何よりも大切にしたのは、「人のやらないことをやるチャレンジ精神」だった。

一方、シャープの早川も同じ時期、「人にまねされるものをやる」という別の言葉ながら同じ理想に燃えていた。独創的な技術で世界に挑む気概である。

ソニーのサクセスストーリーは創業から半世紀以上も続く。携帯型オーディオプレーヤー「ウォークマン」に代表される世界的なヒット商品は枚挙にいとまがない。それでも、ソニーの強さの象徴は「家電の王様」とされるテレビだった。独自開発のブラウン管「トリニトロン」は世界で最高の画質と評された。

シャープの佐伯旭、辻、そして町田という歴代の社長たちはソニーにあこがれるとともに、強い嫉妬心を抱いていた。テレビで同じものを作ってもブランド力に圧倒的な差があり、シャープはいつまでも「顔の見えない会社」と揶揄されてきたからだ。

テレビ王座奪取

長年の屈辱をはらす、乾坤一擲のチャンスが巡ってくる。シャープが長年、技術を蓄えてきた液晶パネルを全面的に採用して、薄型テレビ革命で大きく先行することだった。町田が98年の社長就任直後に打ち出した戦略である。当時は、社内の技術者たちからも「狂気の沙汰」と言われた大胆な決断だった。町田の賭けは一時的に大成功を収める。

平面ブラウン管テレビ「ＷＥＧＡ（ベガ）」で大成功したがゆえに、ソニーは液晶テレビで大きく出遅れる。シャープが仰ぎ見ていた同じ関西系の松下電器産業（現パナソニック）も、平面ブラウン管でソニーを追撃するのに必死で先が見えていなかった。

そんな折の04年に稼働したシャープの亀山工場（三重県亀山市）は「世界の亀山モデル」として液晶テレビ「ＡＱＵＯＳ（アクオス）」を大ヒットさせた。ソニーとパナソニックという二強を凌駕し、テレビの世界王座を奪う勢いだった。それがシャープ社内に驕りを生み、やがて悪夢となった堺工場で致命的な打撃を負い、経営陣の権力闘争を招いた。

「片山さんは許せない」

シャープを迷走させた抗争の主役たちは今、どうしているのか。主役である町田はほとんど会社に姿を見せなくなり、京都市内の自宅で悠々自適の日々を過ごしているという。15年1月に経営危機が再燃したときに、自らがかわいがった子飼い役員の退任に激怒し、「責任は社長の高橋にとらせろ」と昔の側近たちに電話したぐらいだ。

もう一人の主役である片山は今なお健在だ。日本電産の永守重信会長兼社長から誘われ、副会長兼最高技術責任者（CTO）として活躍中だ。古巣のシャープから優秀な技術者たちが相次ぎ日本電産に移るのも「片山効果」によるのだろうか。

だが、シャープの多くの社員たちは片山に憎悪の視線を投げかける。「会社を傾かせたのに反省がない片山さんだけは許せない」

片山らに引きずりおろされた奥田は社長退任後1年だけ会長となり、その後は顧問に退いた。本社にたまに顔を見せ、社員食堂で寂しげに食事する姿が目撃されている。

現社長の高橋は現場訪問を繰り返して、「社員一人ひとりが頑張れば、会社は復活できると信じています」と励ましを繰り返す。とはいえ経営の主導権を握っているのは、みずほ銀行と三菱東京UFJ銀行という主力取引先2行だ。高橋はすでにこれら主力行から「経営者失格」との烙印《らくいん》が押されているとの証言もある。

15年5月に発表した再建計画は早くも頓挫した。15年4―9月期は836億円の最終赤字に陥る惨憺たる状況だ。それでも高橋は「社長として経営再建を最後までやりきるのが私の使命だ」と強弁する。社員から見れば、高橋の姿はまるで「馬をくれ！　馬を！」というリチャード3世の最後を思わせるだろう。

本書はシャープの経営危機をテーマに、名門企業が権力抗争によって瞬く間に転落する姿を描いたものである。日本経済新聞は15年1月19日付朝刊1面で、シャープが15年3月期に最終赤字に転落することをいち早く報じた。経営再建が着実に進んでいるはずだっただけに、突然の経営危機再燃に誰もが驚いた。

その後は「資本支援要請　主力2行に」（3月3日付）、「希望退職　国内で来年度」（3

月19日付)、「革新機構と出資交渉へ、液晶分社」(4月5日付)、「本社売却、主力行支援へ」(4月16日付)、「減資、資本金1億円に」(5月9日付)など数多く特報してきた。さらに、16年1月11日付では官民ファンドの産業革新機構が本体の過半数の株式を取得し、国主導で再建を進める案が協議されていることも報じた。シャープの再建を巡る動きは最終局面に入っている。

こうしたきめ細かい報道は、会社の将来に憂いを抱く多くの社員や関係者が取材に応じてくれたからである。取材班は「公正中立」であることはもちろん、最も熱心な読者であるはずのシャープ社員たちの声に耳を傾け、会社がよくなるために何が必要なのかを考えて報道してきた。経営を迷走させた責任はどこにあったかも問うべきだと感じた。その取材の成果をまとめたのが本書である。シャープの経営再建はまだまだ出口が見えないが、日本を代表するイノベーションカンパニーとしての復活を願っている。

取材・執筆は大阪本社経済部で片山時代から長く同社を担当してきた伊藤正泰、電機グループキャップの北西厚一、飯山順、世瀬周一郎、大西智也、ソウル支局の小倉健太郎(元大阪経済部)があたった。デスクワークは経済部次長の佐藤紀泰が担当した。末筆ながら、われわれの取材に快く応じてくださった関係各位に感謝したい。(文中敬称略)

第1章 追い込まれたプリンス

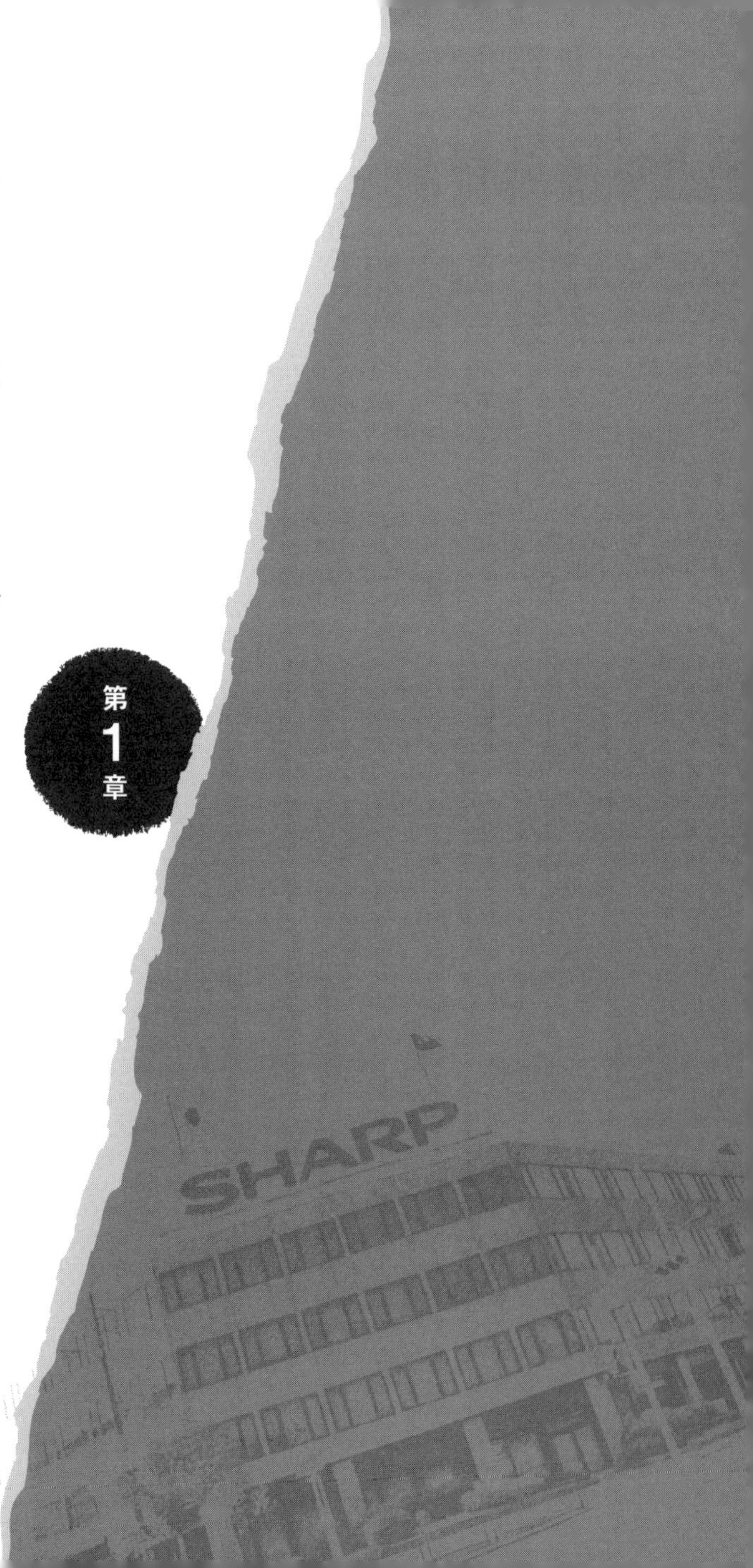

みんな辞めてもらう

皮肉なことに、シャープの今日の経営危機を招いたのは、液晶テレビで世界の一流家電メーカーの仲間入りを果たす原動力となった2人の経営者の「対立」がきっかけだった。第4代社長の町田勝彦と、第5代社長の片山幹雄である。

町田は2007年、49歳だった片山を社長に引き上げた。若手のときからエース技術者だった片山は、「液晶のプリンス」として出世の階段を駆け上った「秘蔵っ子」だった。だが、片山が主導して大阪府堺市に建設した世界最大級の液晶パネル工場（09年稼働）が失敗に終わると、2人の間には亀裂が入る。周囲を巻き込んだ激しい人事抗争が繰り返され、経営は迷走していく。

12年2月半ば、大阪市阿倍野区にあるシャープ本社の役員会議室。会長の町田は室内を見回し、全員がそろったことを確認すると、怒りとも焦りともつかない口調で切り出した。

「こんな大赤字の決算なんて考えられん。経営の責任はすべての役員にあるはずや。ここにいる者は全員辞めてもらうつもりやから承知してくれ」

町田はこのとき、自身も会長職を退き、相談役になってけじめをつけることを決めていた。役員からは声も出ない。部屋の雰囲気は重苦しく、静まりかえっていた。無理もない。12年3月期の連結最終赤字は3760億円となる。シャープ創業以来、最大の赤字になった。「液晶のシャープ」「世界の亀山ブランド」ともてはやされ、わが世の春を謳歌していた会社が、奈落の底まで落ちた。「天国から地獄」――。役員たちの脳裏には、使い古された言葉しか思い浮かばなかった。出席していた幹部がこう振り返る。

「赤字の数字も数字ですから、誰も文句はありません。まして、あの町田さんからの通告です。後で少し議論になったのは、経済産業省出身の副社長、安達俊雄さんは辞めさせちゃいかんとか、それくらいですよ。みんな黙りこくりましたが、会議室を出て自分の部屋に戻る廊下を歩いていると、なぜか不思議と興奮してきたのを覚えています。悔しさというか、情けなさというか、よく分からない感情なんです。もういっぺん立て直してみせるっていうそういう気概とも違う。あんな体験は人生でそれっきりですよ」

町田が役員人事の見直しで最も頭を悩ましていたのは、自身の退任よりも社長の片山の処遇だった。片山はこのとき54歳。ほかの会社ならこれから社長になろうかという年齢だった。片山に誰よりも目をかけてきたのも自分だ。ただ、片山が主導した堺工場が大赤字の元凶となっていることはごまかしようがない。町田は日を置かず片山に告げた。

「おれは相談役になる。副社長にも全員退任してもらう。おまえも社長を譲って、会長になってくれ。新社長は奥田（隆司）でいこうと思う」

片山は応じた。

「私も辞める気でいました。責任は痛感しています」

「代表権はやめとけ」

首脳人事は固まった。「町田が相談役、片山が会長、そして後任社長は奥田」になるはずだった。しかし、ここで〝ご意見番〟が人事に口を出す。相談役で第3代社長の辻晴雄だ。町田が人事を説明にいくと、辻は全体を認めながらも1カ所だけ難色を示し、再考を促した。片山に代表権を残すことだった。辻はこう町田に注文を付けたという。

「パナソニックも社長の大坪文雄さんが会長になることを発表したが、代表権を持つことは大変評判が悪い。それでは業績悪化の責任をとったことにならんということや。うちも片山が代表権を持ったんでは同じように非難される。片山の代表権だけはやめといた方がええんとちゃうか」

3月13日、辻、町田、片山の3人がひそかに集まった。辻はこんこんと諭した。「片山、これでは責任とったとは思われん。経営者のけじめは本当に大事なことなんや。世間や株主がどう見るかっちゅうことや。なんとか分かってくれ」。それでも片山は首を縦に振らない。町田が目を見据えてこう言った。「代表権なんか関係ない。片山、会長は会長なんやから。今後も存分にやったらええやないか」

「町田さんがそこまで言うなら」——。そう思った片山は、ようやく代表権をなくすことを受け入れた。翌14日に新たなトップ人事を発表することはすでに決まっており、わずか1日前という慌ただしさだった。

ある幹部が言う。「片山さんは相当悔しかったでしょう。何しろ非常にプライドの高い人なんです。東京大学を卒業して入社し、あんな若く社長になって……。人生初の挫折かもしれないくらいですよ。聞くところでは、辻さんが難色を示して片山さんの代表権をとったということのようですが、これも本当かどうかは分かりませんよ。町田さんだって、片山さんにこれまで通りやられたら困るんです。ひょっとしたら町田さんが辻さんにお願いして、片山さんに迫ってもらったのかもしれません」

「自分が社長になるんだ」

町田は07年に社長から会長に退くにあたり、25人いた取締役の中で最も若い片山を後継に指名した。町田はシャープの「中興の祖」でもある二代目社長、佐伯旭の娘を妻に持つ。液晶テレビの成功でシャープを世界的企業に引き上げた手腕への評価も高い。

「町田さんは営業出身でもともと慎重な性格だ。一方、片山さんはバリバリの技術者で世界を相手にビジネスをしていた。町田さんは自分に足りないところをもつ片山さんを高く評価して抜擢した」(同社幹部)

ただ、片山を社長に引き上げる際には周囲から翻意を求められている。「片山さんはまだ49歳だし、海外事業も担当していない。経験が少なすぎるので、まだ社長は早いのではないでしょうか。次の次でしょう」。町田も、片山をこの時期に社長に抜擢することを悩んでいたようだ。ある有力OBはこんな証言をする。

「片山がいずれ社長になるのではとの見方はありましたが、まだ若い。これまでのシャープの歴史を考えると、町田の次も同じく、佐伯や町田と姻戚関係にある人だと思っていました。次は片山と聞いたときに、社内では『えーっ』と思った人が多かったのではないでしょうか」

そして、こんな話を付け加える。

「実は後から、こんなことが噂になりました。片山がソニーから声をかけられていて、自身が持っている液晶の特許ごとソニーに移るとの話が首脳陣の間でも駆け巡ったようだと。片山は昔から『自分が社長になるんだ』と公言していた人です。町田さんは悩みながらも片山をトップにした。だから本人はシャープの歴史上初めて代表取締役会長になって片山を牽制しようとした。町田さんしか片山をコントロールできる人はいないんです」

次期社長に内定した片山幹雄専務と握手する町田勝彦社長（07年2月）
写真提供：日本経済新聞社

07年2月28日、片山の社長昇格を発表した日の記者会見で、町田はこう発言した。「(社長と会長の役割の) 境目は明確にしない。2人体制でやる」。若い社長をサポートするという名目ながら、影響力を行使しつづける意向を鮮明にした。裏返せば、片山に全権は与えないということだ。町田は片山を全面的に信頼していたわけではなかった。

40歳で液晶事業部長

シャープの液晶事業には大きく2つの出身母体があった。奈良県天理市にある中央研究所と太陽電池の新庄工場(現葛城工場、同県葛城市)だ。

太陽電池に使う技術は液晶パネルと重なる部分が多い。シャープの太陽電池事業は、方針の見直しで80年代に、液晶部門に優秀な人材が移った。シャープでは珍しい東大出身の片山もその1人だった。液晶の課題を次々と克服していくことで業界の「有名人」となっていった。技術者らしからず、プレゼンテーション能力も抜群だ。いつしか、将来を嘱望されるエースとなった。

町田は自らが社長に就任して4カ月後の98年10月、片山を40歳の若さで液晶事業部長に就任させた。「液晶テレビで世界をとる」という野心を公言する町田は、それを実現する力を持っていた片山に期待したからだ。

液晶の生産拠点である三重工場（三重県多気町）で片山の部下だったある幹部は、こう語る。

「片山さんはものすごく頭がよくて、先見性がありました。一切残業はしないので、夕方6時ぐらいに帰ります。ところが翌日になると、自動車向け液晶の駆動回路ですばらしいアイデアとかが出ている。そして、典型的な人たらしでした。自分より年上の社員には役職が下であっても、絶対に呼び捨てにしなかった。いつも『さん』付けでした。取引先の部品メーカーに対しても物腰がやわらかい。部品メーカーは値下げ要求されるんじゃないかとビクビクしますが、片山さんは『調達する部品の数を2倍の10万個にしましょう。そうしたらコストも下げてくださいよ』なんて夢を与えてくれるんです。だから、ファンも多かった。『握手して

108型液晶テレビの横に立つ町田社長（07年1月）
写真提供：日本経済新聞社

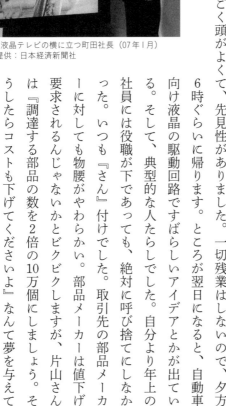

もらった』と感激する部品メーカーの社長もいました。ですが、社長になった後は変わっていきましたね。自信満々で、俺の言うことを聞け、という感じになりました。町田さんがいたから、角を隠していたんじゃないでしょうか」

町田の賭け

「液晶のシャープ」を世界的企業に飛躍させたのは町田だ。98年に社長に就任すると、「2005年にはテレビをブラウン管からすべて液晶パネルに切り替える」と宣言して、業界を驚かせた。液晶テレビの販売拡大を強力に進めた町田の戦略は奏功した。この分野で出遅れたソニー、パナソニックを置き去りにし、大阪にある中堅家電メーカーというシャープのイメージを大きく変えた。

町田がなぜ、液晶パネルへの全面展開という賭けに打って出たのか。側近だった元役員はこう語る。

「町田さんは営業出身です。テレビの営業部長も経験して、シャープという会社のブランド力の弱さを痛感してきたんやと思います。よく言ってました。『テレビがないと、ブランド力が上がらへん』と。液晶という独自技術で一流メーカーへの仲間入りをしたい。まさに執念でしたわ」

別の幹部も言う。「うちにとってテレビはあこがれだったんですよ。町田さんはテレビの事業部長時代、うちの会社がソニーや松下電器産業（現パナソニック）のように、自社でブラウン管を作れないことをよくばかにされたそうです。技術者は好きなものづくりができれば給与が安くてもいいと考えますが、営業系はブランドイメージを上げるということに気持ちがいく。単なる家電の一つに過ぎないとあきらめず、大画面、画質の追求に走ったんです。ブラウン管時代のコンプレックスを引きずって、液晶事業の拡大をやめられませんでした」

顔の見えない会社

専門機関が行った99年のブランド力調査によると、シャープは電機業界、7位に沈んでいた。電卓やビデオカメラなどヒット商品こそあったが、業界では「顔の見えない会社」と揶揄されていた。親分肌で口説き上手、豪放磊落で、ネアカなタイプ。そんな性格を営業の武器に代えて順調に出世した町田だったが、シャープ製品が買いたたかれる悔しさは心から消えなかった。「もう一・五流と呼ばれたくない」。そんな気持ちが、テレビの「形」を四角い箱から平面に変えるという大きな賭けへと動く原動力になった。

液晶テレビへの全面展開は社内でもいぶかる声が多かった。現場の技術者らは、「いくらなんでもそれは無理だ」と口をそろえた。ただ、「オンリーワンの会社になる」と意気込む町田は突き進んだ。

当時の液晶パネルの主な用途はノートパソコンだった。しかし、パソコンの販売は景気の波やOS（基本ソフト）の発売時期など外的要因の影響を受けやすい。市場規模が大きく、需要が安定しているのがテレビだった。

とはいえ、乗り越えるべき課題は多い。ブラウン管のなめらかな映像に慣れた消費者の目は厳しい。ノートパソコンより高画質にし、反応速度も飛躍的に高めなければならない。斜めからでも鮮明に見られるように視野角を改善する必要もあった。最大の課題がコストだった。実用化されていた液晶モニターは15インチで18万円程度。ブラウン管テレビは16インチで2万円ほどだった。

「いきなりテレビ?」

液晶部門の元幹部は振り返る。「オフィスでブラウン管のパソコンは邪魔なものでした。液晶の価格がブラウン管の3倍くらいまで下がれば、パソコンは置き換えられるかもしれないという考えはありました。だが、いきなりテレビにまで全面的に採用するとは、とても考えられなかった」

町田は強気だった。00年、元旦から4日間連続でテレビに流した30秒のCMには、こんな台詞を使った。「20世紀に、置いてゆくもの。21世紀に、持ってゆくもの」。置いていくのはブラウン管テレビ、持っていくのはもちろん液晶テレビだ。CMには国民的女優の吉永小百合を起用し、液晶関連の商品ばかりを取り上げた。シャープ社長として液晶に賭ける覚悟を社内外に示すのが狙いだった。

01年1月1日、シャープはついに「アクオス」と名付けた液晶テレビを発売する。「アクア（水）」と「クオリティ（品質）」を組み合わせた造語で、液晶のイメージを表現した。初代モデルは20インチで22万円とブラウン管テレビの10倍ほどだったが、発売2年間で

100万台を売り上げた。

亀山ブランド

液晶テレビで世界企業を目指すと決めた町田は他社を一気に引き離すため、次世代型工場の建設を決断する。「メーカーの原点に立ち返り、製造業を日本で極めていく」。コスト競争力が求められる商品は海外で生産するが、最先端の技術は開発から製造までを日本国内で手掛ける。

ここで決まったのが、パネルの生産から最終的なテレビの組み立て工程までを一貫して行う「垂直統合」と呼ばれる手法を導入する、三重県亀山市の新工場の建設計画だ。

亀山の液晶工場は「畳プロジェクト」と呼ばれた。液晶パネルは基板になるガラスが大きくなればなるほど生産効率が高まる。亀山では畳ほどの大きさの基板ガラスを使う構想が立ち上がっていた。1枚の基板から32インチの液晶パネルなら8枚、37インチなら6枚とれる高効率な生産体制を構築する。しかも、生産するパネルには、応答速度の速さや視野角の広さなど、これまでの液晶の課題を克服する性能が求められた。

巨大な装置と新たな部材を調達するため、原材料メーカーや装置メーカーを巻き込んだ。また、技術流出を防ぐため、工場内には関係者以外入れないよう徹底した。これこそ、町田が口癖のように語っていた液晶技術の「ブラックボックス化」だった。04年、総額2000億円をつぎ込んだ亀山第１工場が稼働する。

前例のない「一貫生産」工場は、世界中から注目を集めた。液晶テレビの急激な普及に支えられる形で、シャープは06年には亀山第２工場を立ち上げる。家電量販店には「亀山ブランド」のテレビを求める消費者があふれ、シャープのシェアは急上昇した。

一時は大成功した亀山工場　写真提供：日本経済新聞社

だが、この成功体験が、経営危機に陥るきっかけをつくっていく。町田、片山を支えた液晶部門出身の有力ＯＢはこう指摘する。

「90年代は、世界にないものを作っているので、材料から装置からすべてが世界初で、自分たちが勝手に考えながら開発できる面白さがありました。おかしくなったのは、町田さんによる液晶宣言後の2000年くらいからです。それまで研究所にこもっていた技術革新のための生活から、どうやって巨大なパネルをつくるかが仕事の中心になってしまいました。工場立ち上げのためのメーカー選定や工場のレイアウトばかりに取り掛かる毎日になりました。片山さんはこのことの危うさをきちんと把握すべきだったのではないでしょうか」

シャープが中心となった液晶テレビ陣営は、パナソニックが推進したプラズマテレビとの対決を優位に進めた。得意満面のシャープ経営陣はさらなる拡大策に突き進む。世界シェアをさらに高めるために巨額投資を続けていくのだ。「あのころに身の丈を考えない投資が始まってしまった」と、ある幹部は振り返る。そして片山はこう言い始める。

「液晶の次も液晶です」

ブラウン管に取って代わった液晶のさらに次のディスプレーは何かと聞かれたときの答えだ。成功とは皮肉なものだ。このときすでに「奢り」という失敗の種がまかれていた。「液晶の技術は私が一番分かっている」と豪語していた片山にとっても、シャープにとっても、亀山の成功は一刻の「あだ花」となった。

悪夢の堺プロジェクト

建設を進める堺市の液晶パネル工場（08年8月）
写真提供：日本経済新聞社

阪神高速道路を大阪の中心部から和歌山方面に向かって南へ15分ほど走ると、右手の湾岸部に白亜の巨大な建物が現れる。周囲には大手企業の主力工場がひしめくが、外壁が白くて目立つ分、その威容はより際立って見える。そして壁の上部にはおなじみのロゴで赤く「ＳＨＡＲＰ」とある。これが、世界最大のガラス基板を使う液晶パネル工場として09年に稼働した堺工場だ。

「亀山モデル」人気によって欲しかったブランドを手に入れたシャープが大阪府堺市でぶち上げた「液晶コンビナート構想」だ。この計画を推進したのは片山だ。

片山は社長になったとき、こう言って社内を回った。「これからうちが目指すのは売上高６兆円だ」。08

年3月期の連結売上高は約3兆円。社員らは「売上高の倍増なんて無理だ」と首をひねったが、片山は真剣だった。

「亀山工場はパネルからテレビの組み立てまで業界で唯一生産の垂直統合を実現したが、新工場ではさらに推し進める。部材・装置メーカーと当社の技術者が互いに連携することで、知識やノウハウを融合し、新たな技術革新を図る。これは21世紀型のコンビナートだ」

07年7月、社長に就任したばかりの片山は、新工場の建設を発表した記者会見で意気揚々と話した。片山は続けた。「液晶技術が今のまま止まることはまったくない。これからも技術革新を行い、真の壁掛けテレビを目指す」

「1社長、1工場」

堺工場の基板ガラスのサイズは業界で「第10世代」と呼ばれ、畳5畳分に相当する。それまで世界でも最新鋭だった亀山第2工場の1・7倍もの大きさだ。60インチのパネルで8枚、70インチで6枚が1つの基板ガラスからとれる、前例にないスケールだ。新工場の敷地面積は亀山工場の4倍の127万平方メートル。液晶への投資で3800億円、関連工場が4000億〜5000億円、太陽電池の分が加わると、投資総額が1兆円規模になるという見通しも表明した。

当時の片山の側近はこう語る。

「亀山の成功は町田さんの手柄です。片山さんは自分が堺を成功させて、社内の権力を一挙に固めたかったんだと思います。『1社長、1工場』なんてよく言われました」

第10世代ガラス基板を披露する片山社長(07年8月)
写真提供:日本経済新聞社

町田は堺工場の建設に、最後まで慎重だった。06年、当時は専務だった片山が社内で計画を表明した際、町田はこう話した。「ほんまに買ってくれるところがあるんか。客も決まってないのに無謀なんと違うか」。だが、片山は強気だった。「大型テレビはこれから市場が拡大します」。町田に対して一歩も引かなかった。

片山は技術者で、論理的に物事を考える。韓国や台湾の液晶パネルメーカーが

図表1-1　2009年に稼働した堺工場への巨額投資が裏目に出た

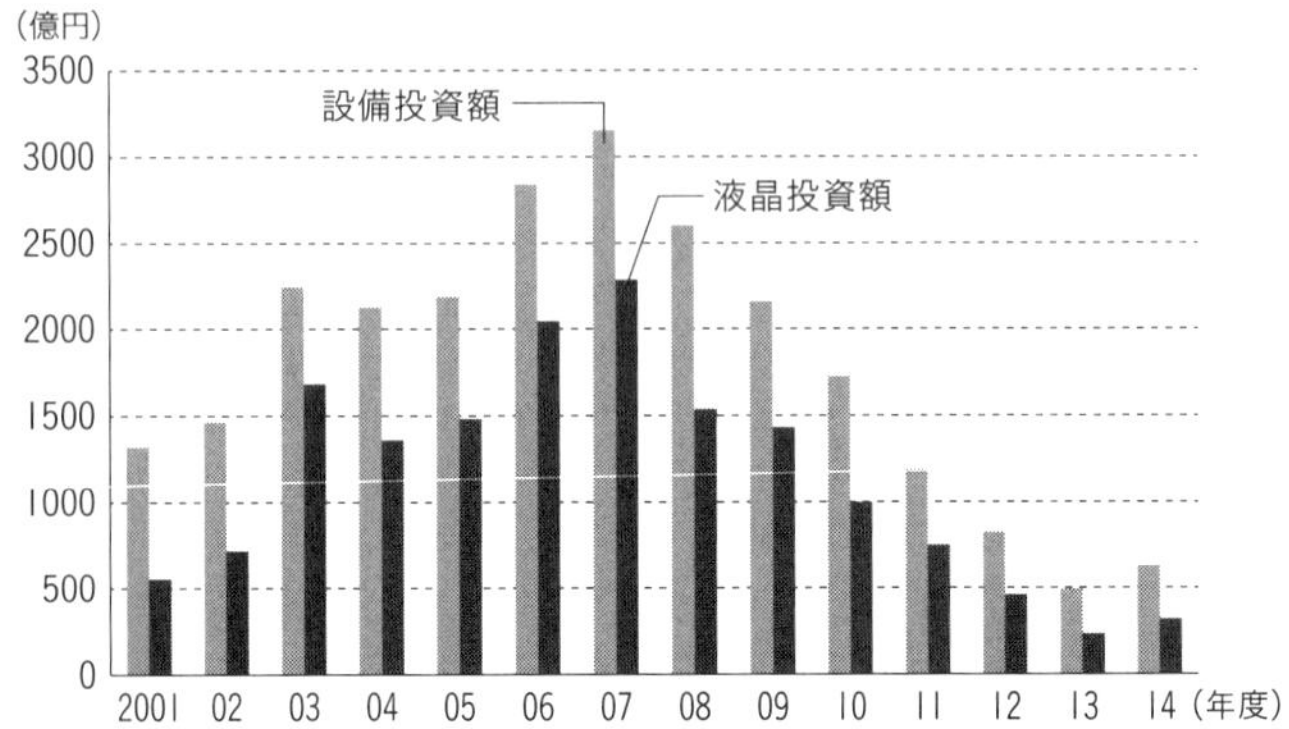

台頭するなか、コストや規模で国際競争に打ち勝つ必要があると考えた。テレビの大型化が進めば、比例してガラス基板も大型化する。営業出身の町田はシャープが部品などの外販を得意としないことを気にしたが、片山は自らの論理を押し通そうとした。

2人の間に入ったのは、副社長で電子部品統括だった中武成夫だ。中武は取引関係のあるソニーに知り合いが多かった。液晶テレビで出遅れたソニーにとっては、シャープから高品質のパネルが安定調達できることは「渡りに船」だった。中武はソニーとの交渉の場に町田を連れていった。そこでソニーとの販売契約がまとまったことで、町田は新工場の建設にゴーサインを出した。

片山が堺プロジェクトで拡大路線を鮮明にした

のは液晶パネルだけではなかった。液晶と技術的な相乗効果があるとして、太陽電池の大量生産にも踏み出したのだ。２０００年から06年までシャープは太陽電池モジュールで世界首位になっており、まだまだ拡大できるとの読みがあった。もともと太陽電池の技術者だった片山は、液晶パネルと太陽電池の両方で世界を制覇するという野心を強めていた。

液晶パネルと太陽電池の生産拠点として「グリーンフロント堺」と名付けられた巨大工場は09年10月１日、まず液晶パネル工場が稼働した。第10世代のガラス基板でパネルを作れる設備は、稼働から6年以上たった現在も、世界でこの工場しか存在しない。

シャープは薄型テレビのトップランナーとして、韓国サムスン電子など海外の有力企業との真っ向勝負に打って出た。

液晶パネル新工場の稼働計画を発表する片山社長（09年４月）
写真提供：日本経済新聞社

神風

「神風が吹いたな」。10年4月16日、会長の町田は堺市の新工場で笑顔を見せていた。半年前に立ち上がった同工場の本格生産のスタートに合わせて開いた記念式典の場だった。

追い風の一つは、09年に始まった家電エコポイント制度だ。省エネ性能の高い家電製品を買うと商品券などと交換できるポイントをもらえるものだ。11年7月の地上デジタル放送への完全移行も重なっていた。それまで年900万～1000万台で推移していた国内のテレビ総需要は、10年度に2500万台まで拡大した。

堺工場はガラス基板の投入量ベースで月3万6000枚の生産規模で稼働を始め、1年後の10年10月をめどに月7万2000枚と2倍にする計画だった。3万6000枚でも40インチのテレビ用パネルなら月60万台以上を作れる生産能力だが、パネル不足が顕著になり、3カ月も増産を前倒しすることになった。

「増産してもまったく足りない状況が続いている」――。10年4月27日の決算発表で、片山は意気揚々だった。だが、その後、絶頂だったシャープに異変が起きる。

激怒したソニー

「客をなんだと思っているんだ。あの会社だけは絶対に許さない」。10年の春から夏にかけて、ソニーや東芝の幹部は一斉にシャープ批判を始めた。

両社は堺工場から液晶パネルを購入する顧客だ。シャープは当初、堺で作ったパネルの半分以上は自社以外のテレビメーカーに供給して販売を安定させる計画を立てていた。だが、需給が逼迫するなかでシャープは自社製テレビへの供給を優先し、外販に回すパネルの量を制限した。

これに怒ったのがソニーや東芝だ。この決定を下したのは片山だった。

シャープにはもともと、取引先よりも社内の都合を優先する傾向があった。「中小企業で規模も大きくなかったから、取引は内需が中心で、長く本格的な外販をしてこなかった。営業が弱く、外との付き合いがうまくなかった」と片山の側近だった社員は話す。社内事情を最優先とする〝内向き志向〟がはびこり、商談中でも「上司から呼び出しがあったので」と席を立つのも半ば常識だったという。

試練はすぐに訪れた。増産投資が完了した10年夏、早くも需要が落ち込み始めたのだ。米国や中国で大型テレビの流通在庫が積み上がり、液晶パネルがあふれ出した。急激な円高で競争力が失われ、国内の「特需」も急速に縮小していった。減価償却が始まったばかりの新工場は断続的な減産を余儀なくされ、収益面でも大きな打撃を受けた。シャープはその後、業績の下方修正を繰り返す。

堺工場が苦境に陥った際、ソニーがパネルの買い支えに動いた形跡はない。サムスンとの合弁工場からも液晶パネルを調達できたからだ。シャープと資本関係のない東芝は、海外メーカーからの調達を進めていた。円高基調の中、海外からパネルを調達するのは誰が見ても合理的な判断だった。

「シャープを手助けしようなんていう考えはなかった」。ソニー幹部は振り返る。ソニーは堺工場の運営会社に１００億円、約７％を出資する株主であり段階的に最大34％まで出資比率を引き上げる計画も公表していた。だが、追加出資は実行されることなく、ソニーは最終的に12年に持ち分をすべて売却した。

腹心

液晶事業の収益が急速に悪化していくなか、「神風」に替わって吹き始めたのが、会長と社長の間の「すきま風」だった。蜜月だった2人の間には亀裂が生じ始める。当時の片山の側近はこう語る。

「片山さんは堺工場の失敗で四面楚歌になりました。町田さんは堺への巨額投資も同意しました。ただ、堺の状況が悪くなると、『なんで、片山は情報を上げへんのや、どないなっとるんや、あいつは会長をなんやと思ってるんや』と話すようになりました。片山さんも、失地回復で焦っていたんでしょう。あの2人が対立したことで会社は大変なことになりました」

このころ、町田が相談相手としていたのは、年齢の近い副社長の浜野稔重だった。浜野は01年、テレビ事業の責任者としてアクオスを売り込み、液晶テレビ市場を立ち上げた実績を持つ。経営企画、海外事業とシャープの本流を歩んできた人物だ。町田とは極めて近く、「腹心」という言葉がぴったりくる。町田は片山との関係が悪化すればするほど、浜野への傾斜を強めていった。町田との蜜月ぶりをことあるごとに強調する浜野には、片山はいつも気を使っていた。いつしか浜野は片山の「天敵」になった。

社長権限を骨抜き

11年の春先には、もはや町田と片山の関係は抜き差しならないものになっていた。片山の手足を縛るには何がいいか――。町田が考えたのはまずは〝荒療治〟ではなく、片山の社長としての権限を実質的に骨抜きにすることだった。

4月からの新体制が公表されると、社内がどよめいた。副社長に「事業担当」という肩書を新たに付け、太陽電池事業などは浜野が、AV機器や液晶事業なども別の副社長が担うことになった。ある役員が声を潜める。

「それぞれの事業には事業本部長という常務の最高責任者がすでにいるのに、わざわざ副社長をその上に配置したんです。これは町田さんが片山さんの社長としての権限を実質的に減らすことが狙いでしょう」

そしてこう続けた。「このままいけば片山さんは実権のない『副会長』あたりに祭り上げられ、町田さんが会長と社長を兼務することもあり得るのではないでしょうか」。この頃、ソニーはトップのハワード・ストリンガーが会長と社長を兼務していた。町田も業績立て直しのため、自身が経営の全権を握ろうと考えてもおかしくはない。

しかし町田のもくろみは外れた。片山はおとなしく誰かのなすがままに任せるような男ではなかったからだ。2カ月後の6月に液晶事業の抜本改革を発表したかと思えば、天敵・浜野が統括する太陽電池事業にも口を挟んだ。ある中堅社員は悲鳴を上げる。「船頭が多くて困っているんです。尻ぬぐいをさせられるのはわれわれ現場なんですから」

太陽電池に携わる社員からすれば、太陽電池の開発も手掛けたことのある片山はともかく、市場や技術に精通していない浜野への批判は多かった。例えば、イタリアの電力大手エネルと太陽電池を合弁生産することになったものの、浜野は電池の発電効率を毎年大幅に改善するなど、「技術的に到底不可能な約束を安請け合いした」（中堅幹部）という。

浜野からすれば、町田から新たな任務を与えられた以上、積極的に動いて実績をつくる必要があった。これが現場を混乱させた。

社長に副社長、事業本部長――いったい誰の言うことを聞けばいいのか。わずか半年後、社内からの不満が噴出し、担当副社長制は10月に廃止された。ある幹部がため息をつく。

「社長を副社長が支えるという当たり前のことができれば、うちの会社もきちんといくのに……」。

町田の作戦は失敗した。そして、この後も長くシャープを翻弄しつづける因縁の企業との交渉によって、町田と片山の関係悪化は決定的になった。

禁断の果実——鴻海

時計の針をいったん1年前の2010年に戻す。堺工場の稼働率が悪化するとすぐ、片山は液晶事業のてこ入れに向けて新たな一歩を踏み出した。10兆円規模の売上高を持つ、電子機器の受託製造サービス（EMS）の世界最大手、台湾の鴻海《ホンハイ》精密工業との連携だ。

しかし、この交渉で片山は鴻海の董事長（会長）、郭台銘（テリー・ゴウ）に振り回され続けた。鴻海への警戒を強めた町田は、片山の経営能力に次第に疑問を抱くようになっていった。

片山は10年夏に郭と会い、急速に存在感を強める韓国のサムスン電子への対抗勢力となるための協議を始めた。結果はすぐに出た。シャープが公表した同年7―9月期の報告書を見れば分かる。「経営上の重要な契約等」の項目に、「液晶表示装置に関する特許実施権の許諾」という新たな契約が記載された。期間は9月30日から7年間。相手は台湾の「チーメイ・イノラックス」。鴻海のグループ会社で、液晶パネルで世界4位だった奇美電子（現・群創光電、イノラックス）だ。

鴻海精密工業の郭台銘・董事長
写真提供：日本経済新聞社

シャープはこの記述について、積極的な説明はしなかった。業界でも当初はさほど注目されなかった。どういう技術で、どんな条件で使わせるのかが不明だったからだ。同業者に一部の技術使用を認めるのは特段珍しいことでもない。ただ、これは片山にとって「液晶のシャープ」復活に向けた大きな一手だった。

サムスンに勝てる？

10年末、シャープと鴻海の距離をぐっと近づける「事件」があった。奇美電子が、液晶パネルの価格カルテルで欧州連合（EU）から巨額の課徴金を課されたのだ。「カルテルを主導したのはサムスンなど韓国2社だ」。郭は怒りをあらわにした。サムスンはカルテル情報を提供して制裁金を逃れていた。

状況に詳しいある関係者が言う。「郭はサムスンには『商道徳』がないと訴えていました。その言葉が、片山さんの胸に響いたんじゃないでしょうか」

協議はさらに深まった。片山は11年初めには、鴻海との提携を切り札と考えるようになった。そして「これでコストでもサムスンに勝てるようになる」と、鴻海とのさらなる提携の強化も見据えた。提携交渉に関わったシャープの幹部は次のように解説する。

「まず液晶パネルの生産分担が実現しそうなテーマでした。販売量は多いが価格競争も厳しい20〜30インチ台のテレビ用パネルは鴻海グループの奇美電子に任せる。堺工場で効率よく作れる40インチ以上の大型パネルはシャープが受け持つ。販売に必要な量を相互に供給すればいいわけです。得意分野に特化しながら、画面サイズごとの生産規模を両社で増やせば、コストを引き下げられる。鴻海からの調達で円高の影響も抑えられるというプランでした」

片山の自信は揺らいでいなかった。堺工場は業績の足を引っ張る〝お荷物〟となったものの、世界最先端の液晶パネル生産拠点としての評価は高かった。こんなこともあった。

「中国に第10世代の液晶工場を造ってもらえないか」。11年1月17日、中国の産業政策を担当する国家発展改革委員会と信息産業部の担当者が堺を訪れ、こう要請した。

日本、韓国、台湾の液晶パネルメーカーは巨大市場である中国での現地生産を目指していたが、地元メーカーの保護を優先する中国政府は許可を渋っていた。中国としては最先端技術を出すならシャープの進出は認めるという。結局、片山は堺工場の成功に自信があるためその提案に応じず、強気の姿勢を崩さないで鴻海との交渉を進めていった。

突然のはしご外し

奇美電子のパネルをシャープが自社製品として売るには、シャープ並みの高品質パネルを作ってもらう必要がある。10年夏にシャープが奇美と交わした契約の中身は、高性能ながら消費電力が低いパネルを作る虎の子の技術の供与だった。年末から年明けにかけてはシャープの技術者が数多く台湾に渡り、設備改修や生産方法の指導をした。合弁会社を設立しての資材調達一本化や、液晶事業自体を統合する構想まで浮上していた。

10年の大型液晶パネルの出荷額シェアは、奇美電子が14・7％で4位、シャープは9・8％で5位。合計すると24・5％となり、韓国のサムスン（25・8％）、LGグループ（25・5％）と肩を並べる。連携すれば調達、販売の両面で飛躍的に競争力が高まる。

11年2月から3月にかけて、鴻海の郭と片山は日本と台湾をたびたび往復して交渉を重ねた。話は順調に進むかに見えた。シャープは3月下旬に提携の対外発表日を設定し、会場として使うホテルまで予約した。しかし、発表日は延期が繰り返され、結局はキャンセルされた。

そうさせたのは誰あろう町田だ。町田は片山が鴻海との提携に前のめりになることを危惧していた。町田による片山への「突然のはしご外し」だった。

町田のすげない態度

「鴻海？　あれはこの前、契約したわ」――。

町田は11年7月15日、記者団との懇談中に唐突に話し始めた。合意したのは液晶パネルの生産分担、部材の共同調達に向けた合弁会社の設立などだ。町田の言葉を額面通りに聞くと、片山が描いたような当初の構想が進んでいるようにも思えた。だが、町田の口調はどこか投げやりだった。「なぜ、記者会見の場を設けないのか」と聞かれた町田はこう言った。「それほどのもんでもないやろ」

この発言に周囲はざわついた。片山が進めてきた鴻海との提携交渉がどのように進捗したかはベールに包まれ、それまで外に情報が漏れていなかった。だが、経営にとって重要な案件でありながら、最高実力者である町田のすげない態度は、片山が経営の中枢から外されつつあることを示していた。

シャープと鴻海が提携契約を結ぶ前日の7月1日、郭との夕食会にシャープ側から出席した首脳は町田と浜野。片山の姿はそこになかった。片山が欠席した理由は「米国出張中」

とだけ説明された。

町田は当初から、鴻海との提携交渉を一歩引いて見ていた。連携自体に反対はしないが、片山は前のめりになりすぎていると感じていた。シャープが液晶事業を分社して奇美電子と統合する構想が浮上した際、片山は堺工場だけでなく亀山工場も含めることを考えたが、町田は「亀山は残すべきや」と主張した。

町田に近い幹部たちもこう話していた。「鴻海の連中はうまいことばっかり言って、冷静にえげつないことしよる。金もうけの手腕は認めるけどな」

鴻海は米アップルのスマートフォン「iPhone」の組み立てを担う。郭は巨大企業を一代で築き上げた立志伝中の人物だが、油断のならない経営者だと見る向きも多かった。鴻海との交渉の過程では異議を唱える声が日増しに高まり、片山はどんどん孤立していった。そして、11年の春ごろにもなると、交渉の前面には町田が出ることが多くなり、鴻海との協議はいつしか「会長マター」になっていた。片山の側に立つ役員は減るばかりだった。

「キングギドラ経営」

片山の権力基盤が弱っている――。これを敏感に感じ取り、自分の好機にしようと思った男がいた。

浜野だ。ある幹部が指摘する。

「そもそも、片山さんの社長就任を一番面白く思っていなかったのは浜野さんでしょう。片山さんと同じ専務だった浜野さんは、町田さんの次は自分だと思っていたはずです。なんせ、片山さんよりも社内では〝王道〟を歩んできたんですから。だから自分の存在感をもっと出そうと頑張ってしまったんです。それが太陽電池への無謀な投資につながったんだと思います」

太陽電池事業は液晶事業とともに、シャープの経営を傾かせた大きな原因だった。液晶パネルの工場と同じ敷地にある巨大な太陽電池工場の建設はその象徴だ。やがてシャープの「負の遺産」となった。

浜野が副社長に就任した07年、世界的な広がりを見せていた太陽電池は原料であるシリコンの価格が高騰していた。もともと太陽電池には半導体に使った後のスクラップ材を用いていたが、それだけでは需要に追いつかなくなった。原料メーカーは専用のシリコンをつくり、太陽電池メーカーに長期の購入契約を求めた。

浜野は数社と08年に20年までのシリコン調達契約を結んだ。素材の調達が途絶えれば、堺工場での太陽電池の量産は果たせない。安定的にシリコンを確保する目的だったが、この判断は大失敗に終わる。その年の秋に起きたリーマン・ショックで早くも「太陽光バブル」が一気にはじけ、シリコンの価格が暴落したのだ。シャープには市場価格の数倍でシリコンを購入する契約が残り、これが太陽電池事業で赤字を垂れ流す原因となる。

「片山さんが液晶なら、浜野さんが太陽電池という具合に、お互いが競うように投資するんですから異様でした」。当時の幹部は振り返る。ある日、重要な情報を周囲から知らされた浜野は「社長に言わなくてもいいんですか」と聞かれ、こう返したという。「会長にはお伝えしておく」。社長を〝裸の王様〟にするということだ。社長の片山と、実力副社長の浜野が対立していては、経営が混乱するのは当然のことだ。

別の幹部が自嘲気味に話す。

「町田、片山、浜野それぞれが口出ししてきたことを、社内では『キングギドラ経営』と言っていました」

キングギドラとは映画に出てくる首が3本ある怪獣だ。それぞれの口から光線を吐く。

シャープ包囲網

片山の権力基盤が揺らいでいくさなか、業界ではある「事件」が起きていた。ソニー、日立製作所、東芝が液晶パネルの共同事業会社を設立したのだ。シャープも合流を誘われたが、「うちは単独でやっていける」と突き返した。結果的に、国内の負け組3社が手を組み、国も支援するため、官民ファンドの産業革新機構が出資した。

「日本の産業は国内競争で体力を消耗してきた。これからは力を合わせて盛り上げていきたい」。11年8月31日、日立社長の中西宏明は東芝、ソニーなどとの共同記者会見で力を込めた。その数週間前、「3社連合の実現が確実だ」との報告を部下から聞いたシャープの幹部は不満をぶちまけた。「海外との競争を考えれば液晶のトップランナーのうちに投資すべきだ。産業革新機構を通じて公的資金がライバルに投入されるなんておかしい」。

一方、片山の反応はそっけなかった。「あっそう」

実は日立は、スマートフォンなどに使う手のひら大の中小型分野の液晶パネルで鴻海と提携を協議していたが、「日の丸連合」に方針を切り替えた。10年の中小型液晶パネルのシェアは3社合計で22％。世界首位であるシャープの15％をしのぐ、世界最大の中小型液晶メーカー「ジャパンディスプレイ（ＪＤＩ）」が12年春に誕生した。

「ＪＤＩなんてしょせん、二流メーカーの寄せ集め。烏合の衆に何ができる」。液晶で世界一を自負するプライドの高いシャープの技術陣は見下していたが、それから4年後、中国市場でシェアを奪い、シャープを経営危機に追い込んだのはＪＤＩだった。

遅すぎた戦略転換

町田から遠ざけられた片山の苦悩は深かった。自らの社長の座を維持するには、主力の液晶事業を早急に自力で立て直すしかない。

11年6月、片山は液晶事業で新たな戦略を打ち出した。片山は例によって自信満々の口調でこう語った。「販売量で勝ったとしても赤字になるような市場では戦わない。シェアよりも採算を重視したい。具体的には、亀山にある大型テレビ向けの液晶パネル工場で、スマートフォン向けの中小型パネルを量産していく」

04年にテレビ向け液晶パネルの拠点として稼働した亀山第１工場はすでに、「ｉＰｈｏｎｅ」で大量にパネルが必要なアップルから５００億円の資金提供を受け、総額約１０００億円をかけて専用拠点に衣替えしていた。問題は、「第8世代」と呼ばれる大型のガラス基板を使う亀山第2工場だった。テレビ市場の急速な縮小でパネルの生産設備の稼働率が低下し、赤字が積み上がる状態をどう改善するかが目下の課題だった。

しかし、液晶事業の収益を短期間で上向かせることは無理だった。シャープの業績は11年末からさらに悪化していた。テレビ向け液晶パネルの在庫は積み上がり、国内首位だった携帯電話もアップルなどのスマートフォンに押されてシェアが急低下していた。太陽電池も供給過剰による販売価格の下落が響いて赤字から抜け出せない。主力事業が軒並み不振に陥ったことで、もはや独力で回復させるシナリオは描けなくなっていた。

退任

12年3月14日、ついにこのときが来た。シャープは片山の社長退任を発表した。町田も会長から相談役に退き、新社長には常務執行役員の奥田隆司が昇格する。片山は代表権のない会長になる。片山は記者会見で言葉を選んで冷静に話した。

「電機業界は環境変化が激しく、社長一人ですべての事業を束ねるのは難しいんです。奥田と二人三脚で進めることにしました。過去最大の赤字となったのは、主力商品の市況悪化にタイムリーに対応できなかったからです。再び成長軌道に乗せることで責任を果たしたい。奥田は海外のマーケティングなどを十数年間担当しており、今後、新興国などに出ていくうえで一番の適任です。AVシステム事業本部長としては私の前任にもあたり、液晶事業にも精通しています」

片山は業績悪化を受けた引責辞任ではないのかとの質問は否定しつつも、液晶パネルやテレビ事業を巡る経営判断に問題があったことは率直に認めた。片山が就く会長職に代表権が付かないことはこう説明した。

図表1-2 株価推移

「会長が対外活動を担当し、社長は経営の執行に専念する。執行責任者が代表権を集中して持つべきだと考え、会長の代表権をなくしました。奥田が一番やりやすいようにと考えた結果です」

市場は正直だった。片山の社長退任を株式市場は好意的に受け止めた。業績悪化懸念から同日に一時483円と1979年以来の安値を付けていた株価は、社長交代のニュースが伝わると一転して急上昇。531円まで戻して取引を終えた。市場が片山の退任を求めていたということだ。片山はショックだったろう。

当時の片山の心境をおもんぱかる側近は言う。

「片山さんは本当に悔しかったと思います。退任会見でも一応は冷静に話していましたが、代

無念の表情で社長退任を発表する片山（左）（12年3月）
写真提供：日本経済新聞社

表権を持たない会長に就く理由を問われて『新社長が一番やりやすいやり方を考えた』と答えたでしょう。会長の町田さんが隠然たる力を発揮しつづけた現体制についての不満だったはずです」

そして続けた。「だけど、片山さんが簡単に成仏するわけがない。奥田なんかに経営トップが務まるはずがないと思っていましたからね」

片山は気心の知れた部下たちにこう語った。「このまま退場はできないよ。どんどん仕事をやっていくつもりだ」。片山はその言葉を裏付けるように再び動き出す。そして、町田との対立関係をさらに強めていく。

第2章

実力会長の誤算

代表取締役〝部長〟

2012年4月、プリンスだった片山幹雄が代表権のない会長に祭り上げられ、後継となる第6代社長に就任したのが奥田隆司だった。最高権力者だった会長町田勝彦が決めたトップ人事は、結果として失敗に終わることになる。

この年は業績の低迷からテレビの3強がそろって社長交代に踏み切った。ソニーは米国のゲーム事業で頭角を現した平井一夫だ。パナソニックは「論理的な考え」と「大胆な直言」などで元会長の実力者、中村邦夫に早くから社長候補として見いだされた津賀一宏が昇格した。両社とも新社長に起用したのは「正真正銘のエース」だ。

世界を席巻した日本の家電大手が本当に復活できるのかどうか。それは会社再建を託される新経営トップの力量次第だ。巨額赤字に沈んだ3社は追い込まれ、日本から電機産業の火が消える寸前ともいわれた。

ソニーの平井やパナソニックの津賀と比べると、シャープの奥田はまったくの無名だった。奥田が社長候補として取り沙汰されたことはこれまで1度もなかった。結果的に、奥田は1年という短期政権で終わるが、シャープは再建に向けて貴重な時間を浪費した。まったく準備ができていない奥田に最大の経営危機に瀕した会社の立て直しを期待することなど、はなから無理なことだったのである。

奥田の人柄をよく知るシャープの幹部はこう語る。

「奥田さんは代表取締役社長ではなく、意識はいつまでも代表取締役〝部長〟なんです。社長就任の記者会見でも、『自分が社長に適任なのか、驚いて言葉を失った』とか言っていたでしょ。あれは謙遜じゃない。本人だってまさか社長になろうとは思ってなかったはずです」

奥田は前任の片山よりも4歳年上の58歳だった。電子部品の調達のほか、工場や販社の立ち上げなどで海外経験も豊富だ。そして幹

業績の下方修正を発表する奥田隆司社長（12年8月）
写真提供：日本経済新聞社

部候補の登竜門でテレビなどを統括するエリート部門、ＡＶシステム事業本部長にも就いている。一見、その多彩な経歴だけ見れば、片山の次を嘱望された典型的なエースのように思える。

だが、奥田という人物を一言で表すなら「誠実な実務家」という表現がすんなりくる。工場の視察に行くたび、完成品を保管する倉庫から生産工程を逆の順番で見て回るという独自のやり方で、効率の悪い点などを次々に指摘する。奥田から言わせると、この手法こそが最終的な出荷台数と工程間にある在庫の差が一目で分かり、生産ラインの問題点を即座に把握できるという。座右の銘が「現場主義」であるというのもうなずける。

「やっているはずと言うことなかれ」「言いっ放しにすることなかれ」「任せっきりにすることなかれ」「やりっ放しにすることなかれ」「問題の先送りをすることなかれ」――。社長に就任してすぐに、奥田は社内のイントラネットに「行動十戒」と名付けた自身のモットーを載せた。10カ条はいずれも平易な言葉で分かりやすく、シャープに限らず、社会人の誰もがその通りとうなずける内容だろう。奥田がこれまでの会社員人生をどう生きてきたかがすぐに分かる。奥田は誰よりも生真面目に生きてきたのだ。

「うちは普通の会社ではない」と公言し、会社の現状を総否定して社内の危機感を意図的にあおったパナソニック社長の津賀の物言いとは大違いだ。

調達担当のときに奥田と付き合いがあった京都の大手部品メーカーの幹部は、「飲み会の二次会で趣味のピアノを弾いている姿しか思い浮かばない。とにかく印象が薄い人だ」と言う。地味ながら与えられた仕事を実直にこなす奥田は、その言動や派手な立ち居振舞いなどでカリスマ性のある片山とは対照的だ。悪く言うなら、スタンドプレーのない「イエスマン」で、会長だった町田ら当時の首脳陣からしてみると「使い勝手のいい人物」だったのだろう。

「片山か、片山以外か」

ではなぜ、奥田が社長に選ばれることになったのか。まずは、当時のシャープ社内を端的に表す言葉がそのヒントになる。11年からシャープの業績が急速に悪化し、片山を批判する声が急速に高まっていった。30歳代から「若きプリンス」と呼ばれ、社長就任後は肩で風を切ってきた。それだけに堺工場への投資失敗が明らかになると、社内のアンチ片山派は増えた。町田と片山の対立は「公然の秘密」であり、2人の激しい主導権争いがマス

図表2-1　シャープの業績推移

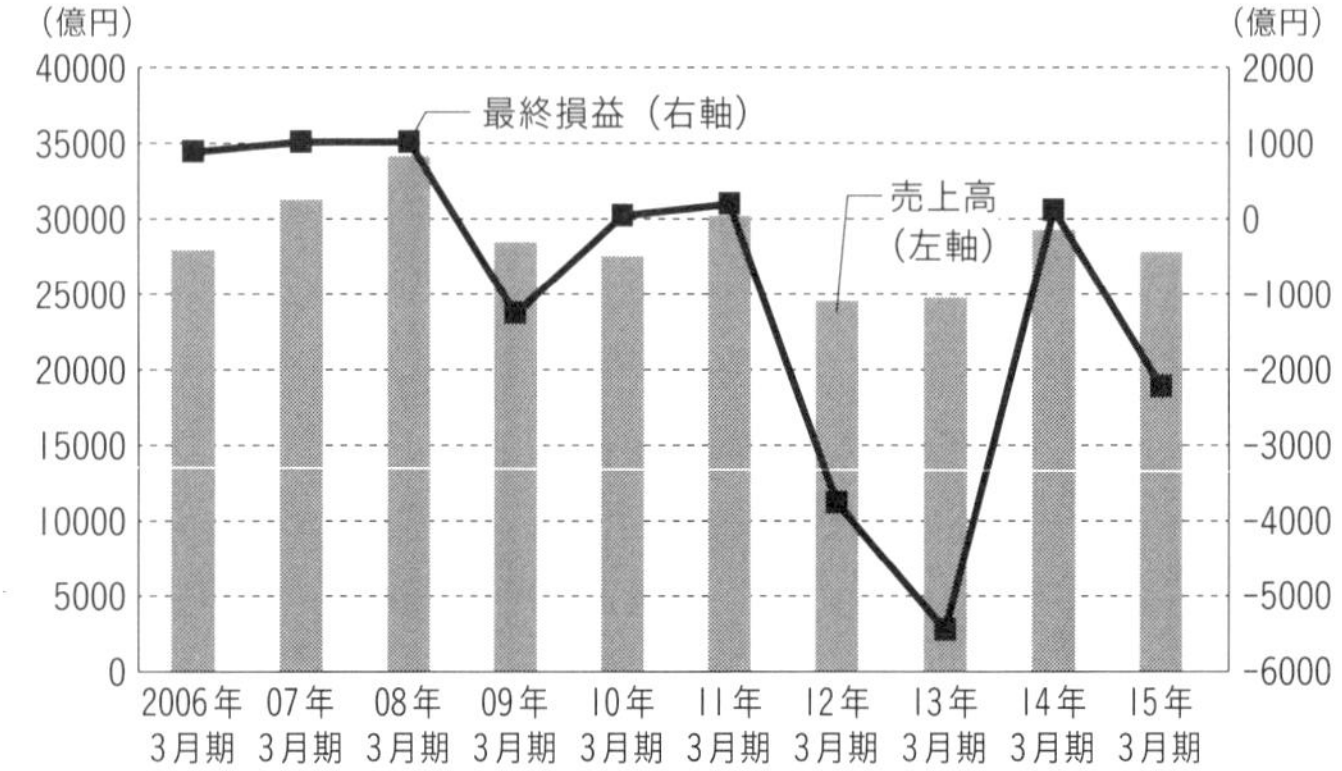

コミの格好の餌食となった。だが、多くの幹部社員はこう語っていた。

「シャープは派閥争いに明け暮れていると言われるが、実態は少し違う。片山か、片山でないかだけです。派閥争いというのは誰か頭領を中心に、複数の集団が権力闘争をするものです。シャープでは、片山が好きな者と片山が嫌いな者にはっきり分かれてしまった」

ほかの幹部も声を潜めて語る。「片山さんは社内では抜きん出た存在だった。片山さん以外であれば、後任社長は誰でもよかったとも言えるのではないか。片山さんを社長から棚上げし、代表権もなくせば、カリスマといえども何の権限もない。その後の経営は自分たちが『院政』を敷いてイエスマンを操ればうまくいく。相談役に退いた町田さんたちの、それが本音だったはず」

町田は社長・会長当時、人材育成について聞かれるとこう答えるのが常だった。「幹部にはT型人間がふさわしい」。T型とは、深い専門性を縦軸として、それだけではなく、横軸に多様な部門を経験することで視野が広い人間のことをいう。そういう意味では奥田は町田が好む典型的な「T型」人間だったのだ。

だが、片山が07年に40歳代で社長になると、「最低10年は片山体制が続く」というのが社内の暗黙の了解となった。役員陣らに見かけ上は多様な部門を経験させても、それはあくまで最大に昇進して副社長止まりということになる。副社長は一般の会社員からすれば仰ぎ見る存在だが、組織の頂点ではない。社長を補佐する「参謀」のトップに過ぎず、最終的な決定権を持つ唯一無二の存在とは背負う責任がまるで違う。

片山のライバル

奥田が社長になることを運命づけられていたとすれば、ある人物との01年の出会いにあったといえる。奥田はその年、テレビなどを扱う花形の映像機器事業部長になる。その直接の上役であるAVシステム事業本部長には、のちに副社長になる浜野稔重がいたのだ。ちょうどブラウン管からの切り替えで液晶テレビの市場が急拡大していたころだ。2人はコンビを組んでトップブランドの「アクオス」を売りまくった。

ある役員はこう語る。

「浜野さんは、町田さんの次の社長は自分が指名されるはずだと期待していた。若く、野心的な片山さんに激しいライバル心と嫉妬心を抱いており、片山さんが社長に就任した後でもまだ次を狙っていた。さすがに、自分が片山さんと一緒に副社長を退任することになってようやく、『もはや自分の芽もなくなった』と悟った。それで浜野さんが町田さんに、『次は奥田を社長に』と強く進言したとも言われている。浜野さんは副社長を退いても、子飼いの奥田さんを通じて影響力を残せると思っていた。町田さんも、生真面目で上に刃向かえない奥田さんは扱いやすいと考えたのだろう」

奥田を社長に据えたのには、業績の立て直しが比較的、着実に進むのではないか、という甘い期待もあった。12年3月には、退任が決まっていた町田と片山が電光石火で鴻海精密工業と資本提携で合意している。最大のお荷物だった堺工場も、鴻海との共同運営会社にして連結子会社から外すことで手を打った。抜本策が手つかずのパナソニックやソニーよりも苦境からの脱出が早いと見られていた。２０００年代以降、リストラが相次ぐソニーやパナソニックと違い、シャープは人員削減などを実施しておらず、その分、新社長の打ち手も多い。

だが、奥田は結局、有効な経営打開策を提示することなく追い込まれていく。そして、在任１年で「クーデター」という形で社長、すなわち最高権力者の座を追われた。

いまだに経営危機から立ち直る気配のないシャープにとって、「不毛の１年」とも呼ばれる奥田社長時代は今となっては取り返しのつかない貴重な時間と言える。奥田の社長就任が決まった直後から、鴻海との提携交渉などが迷走し、シャープの経営は大きな袋小路に入り込んでしまった。

丸ごと買うぞ

12年５月上旬、液晶テレビ用パネルの堺工場。会議室に怒気を含んだ声が響き渡った。

「今のおたくの株価なら、うちはシャープ本体を丸ごと買収することだってできるんですよ」。その男がこうすごんでみせると、居並ぶシャープ幹部は一様にたじろいだ。

震える声を絞り出し、必死に1人の幹部がこう切り返した。「話が違うじゃないか……。あれだけ、われわれは対等なパートナーと言っていたじゃないか。それなら、この話は無理だ」――。シャープ幹部にすごんだ男の名は郭台銘（テリー・ゴウ）。台湾の巨大企業、鴻海グループを率いる実力者だ。

シャープと鴻海が12年3月27日に発表した資本提携は、鴻海グループが13年3月末までにシャープ本体に約9・9％出資して筆頭株主となり、堺工場の運営会社シャープディスプレイプロダクト（現・堺ディスプレイプロダクト〈SDP〉）に郭個人がシャープと同率の46・5％を出資することが柱だった。

堺工場にはためくシャープと鴻海精密工業の旗
写真提供：日本経済新聞社

「われわれとシャープが組めば、サムスンに勝てるんですよ」。アップルの「iPhone」や「iPad」の大量受託生産で知られる鴻海。そのトップである郭の誘い文句で始まった提携劇。「戦略的なパートナーシップ」「日台連合」「友好的な関係」……。前向きな言葉で語られがちだが、提携の裏側を探ると、両社の足並みは最初から大きく乱れていた。5月の会議では、両社の関係者が提携の具体策を話し合ったが、その日の郭は、それまでとは明らかに様子が違っていた。

昼食に大好きな大手チェーンの牛丼をほお張る姿はいつもと同じだったが、一向に煮え切らないシャープの態度へのいらだちをもう隠しはしなかった。出資の在り方などを巡る議論で、どんどん結論を急ぐ郭に対し、細かな手続きやメンツにこだわり、なかなかピッチの上がらないシャープ。「なんで物事を決めるのに、こんなにいちいち時間がかかるんだ」。郭は声を荒げた。「だったら、丸ごと買うぞ」

ある関係者がその時の様子を振り返る。「隠していた郭の本音が、思わず出てしまったのだろう」。慌てたシャープ側の出席者は、実力者の町田をはじめとする首脳陣にすぐ報告した。「テリーが怒っている。どうしたらいいんでしょうか」。シャープ側も相当に動揺したようだ。

「われわれはトップダウンだが、日本はボトムアップだ」。中国・上海に飛んだ郭はシャープとの交渉を終えて間もない5月10日、現地で開いた記者会見でそう発言した。シャープとは何ら関係のない会見の場だったが、シャープの話題にも触れてスピードの遅さに不満をぶちまけた。

最低限のメンツ

シャープが抱える有利子負債は当時、約1兆1500億円。経営不振のシャープにとって、鴻海からの1300億円は、のどから手が出るほど欲しいお金だ。だが一方では、液晶を一大産業に育て上げたという強烈な自負もシャープにはある。どこまで鴻海に譲歩すべきか。絶対に譲れないものは何か。そのせめぎ合いにシャープは苦しんでいた。

そんなシャープの本音を見透かすように、鴻海側はあらゆる手でシャープを揺さぶり続けてきた。

「われわれだけでなく、ビジオからも一部、出資を受け入れてほしい」。3月末の提携発表の直前、実は鴻海はシャープ側にこんな提案をしていた。堺工場の運営会社であるSDPに、鴻海と関係の近い米テレビメーカー、ビジオを資本参加させたいとの主張だった。

最終的にはシャープが拒否し、ビジオの出資話は消えたが、シャープにとっては「格下」のメーカーに過ぎないビジオまで引っ張り出す郭の強引な要求にプライドは傷つけられた。

あるシャープ幹部が話す。「金は欲しいが、うちにも最低限のメンツがある」。その後も、郭のシャープへの「攻勢」は止まらない。

「私はＳＤＰの運営に自信がある。取引先2社の出資比率を下げ、私の比率をもっと引き上げてくれ」。5月上旬、郭はシャープ側にそんな主張を繰り返した。

ＳＤＰが運営する堺工場は、09年に巨費を投じて完成した最新鋭の液晶パネル拠点。世界最大のガラス基板を使うなど、シャープの液晶技術の粋を集めた工場だ。需給を見誤って低稼働率にあえぎ、連結子会社から外したいのはやまやまだが、といって虎の子を鴻海に牛耳られたくはないとの思いがシャープには強かった。

そこでパネル部品の主要取引先である大日本印刷と凸版印刷の2社にＳＤＰの一部の株式を持ってもらう案をひねり出し、シャープと郭、それぞれの連結子会社にはならない37・6％ずつの株主として並ぶことで折り合った。

だが、郭はシャープ本体やＳＤＰへのさらなる出資をあきらめていない。あくまで前のめりに動く。6月18日、台湾の新北市の鴻海本社で開かれた株主総会。その後の記者会見で、郭は何のためらいもなく、こう語った。「シャープ株をさらに買い増せないか、両社はさらなる出資拡大に賛成しており、協議中だ」

発言は世界を駆け巡る。寝耳に水の話にシャープは大慌てとなった。シャープとしては、会社の解散を裁判所に請求できる権利が発生し、経営への鴻海の関与が強まる10％以上の出資は避けたいのが本音だ。

その日、シャープは想定外の郭の発言に、公式な否定コメントこそ出さなかったが、「そんな協議はしていない」とマスコミ各社に電話をかけ、火消しに躍起となった。

あるシャープ社員がこう打ち明けた。「幹部からの説明は威勢のいい掛け声ばかり。鴻海にのみ込まれたらどうなるのか考えると不安になる」

交渉の現場に立ち会うのは、ごく限られた経営中枢の幹部のみ。それ以外の人には、交渉の中身はうかがい知れない。

例えば、こんな出来事もあった。シャープ本社で5月に開いた取締役会。出席した役員に配られた参考資料から、急きょ、ある項目が全文削除された。それは堺工場だけではなく、シャープが世界に展開するテレビの組み立て工場を一手に束ねる持ち株会社を設立し、そこを鴻海と共同運営するという構想だった。

シャープにしてみれば、最新鋭の堺工場に郭の出資を受け入れるだけでもショッキングな話だ。さらに国内外の工場まで鴻海と共同運営するという話は、あまりにも刺激が強すぎる。そう判断したある幹部の指示で、この構想に関する記述は取締役会の直前に消えた。「郭と交渉している一部の役員には既知の話でも、それ以外の幹部には初耳。郭の交渉ペースの速さについていけない人が多く、反発が出るのではと考えたからだ」と、ある中堅幹部が解説する。

すれ違い

一事が万事この調子で、両社のすれ違いは続いている。

6月8日、シャープは経営戦略の説明会を開いたが、当初、鴻海との具体的な提携内容を盛り込んだ成長戦略を「5月末までに発表する」予定だった。ところが、鴻海との議論がかみ合わず、結局、6月にずれ込んだ。

鴻海のペースに巻き込まれるシャープ。こうした状態を招いた背景には、資金繰りに窮する状況に自らを追い込んだ経営の失策がある。テレビ販売の不振による液晶パネル事業の大型投資の失敗は大きな痛手だが、それだけではない。

07年、シャープは414億円を投資し、パイオニア株の約14％を取得（現在はすべて売却）して筆頭株主になるとともに、ＤＶＤやカーエレクトロニクス分野などで資本業務提携することを決めた。

製品開発の効率化を狙ったのだが、このころのパイオニアは今のシャープと同様、テレビ用のプラズマパネルの投資負担が重荷となり、経営難が叫ばれ始めていた。

結局、提携からわずか１年後、09年３月期、シャープはパイオニア株を中心とする有価証券評価損として４９８億円を計上する。特許の使用などでお互いに協力したこと以外、巨費に見合う提携効果は出なかった。

赤字が続いて不振が深刻な太陽電池事業も、抜本策は手つかずのままだった。シャープが結んだシリコン調達の契約が相変わらず「アキレス腱になっている」と、ある幹部が明かした。

安定調達を優先し異例の長期契約を結んだが、その後の市場動向を読み切れず、結果的に高値での調達が続く事態を招いた。契約を破棄すると、「巨額の違約金を払わされる可能性がある」（同社幹部）。６月８日にマスコミやアナリスト向けに開いた経営戦略説明会の資料は13ページに及んだが、当時国内トップシェアを誇った太陽電池に関する記述は一切なし。太陽電池事業に携わる社員が嘆いた。「戦略説明に太陽電池の話がないなんて、もはやいらない事業ということかと思った」

ペリーならぬ、テリー

実はシャープが鴻海と接近し、付き合い始めたのは、最近ではない。もう10年以上も前のことだ。

２０００年前後、シャープはノートパソコンの生産を海外メーカーに外部委託しようと、勃興しつつあった台湾メーカーを物色していた。その一つが鴻海だったという。「まだ若かった郭が、『われわれは単なる組み立て屋では終わらない。その上流にある素材や装置、先端技術を取り込みたい』と話していたのが今でも忘れられない」（シャープ元幹部）

当時のシャープは数多い下請けメーカーの中から、鴻海を選ぶ側の立場にいた。それが、鴻海からの出資なしでは、将来を語れないところにまで追い込まれた。この10年余りですべてが様変わりしてしまった。

６月６日夜、鴻海との交渉を１年にわたって主導した町田は、大阪市内の講演でこう話し始めた。

「テリーとは、私どもの商品の組み立てを頼もうと思い、11年の5月ごろに初めて会いました。最初はEMSなんて安い人件費で大量生産しているだけだろうと思っていましたが、テリーと話しているうちに製造業への考え方が一致していると思えてきました。それから香港や上海のホテル、テリーの自宅などどこかで月1回のペースで会うことにしました。そのうち部品の共同調達をできないか、そうしたら設計も共通化しないといけない、などと話が発展していきました」

「しかし社員が乗り気でない。そうこう悩んでいるうちに堺工場の操業度が上がらず、火のついた問題になっていきました。これは何とかしなければいけないと思い、昨年末にテリーと会って堺で作るパネルを半分買ってくれという交渉をしたら、テリーがいいですよ、買いましょうと。その証として堺の株を半分持ってくれということで話がまとまったんです」

そしてこう続けた。

「世界最大の液晶パネル工場を生かし切れないなんてあり得ないと思っていたところに、テリーが『生かす方法はある』と言っていろんな提案をしてきたんです。そうして『こいつにいっぺん賭けてみようか』と思った。どういう結果になるか分かりませんが、補完関係は成り立つと確信しています。よく新聞では鴻海に乗っ取られたとか書かれましたけど、関係を長く続けるには資本を出してもらうのが一番いいんです。決断に迷いがなかったかと言えば嘘になる。でも幕末には黒船でペリーが来て、日本は日清・日露の戦争に勝った。うちには台湾からテリーがやって来ますから、うちとテリーが手を組めばなんだか次の戦争も勝てる気がするんです。ですので、企業文化の違いで緊張感が高まっておりますが、これも社内を活性化できたと思っているんです」

株主の不満続出

しかし、町田が提携の夢を語っても黙ってくれないのが株主だ。12年6月26日、大阪・中之島の大阪府立国際会議場で定時株主総会が開かれた。「社長たちは赤字をどう説明するつもりやろな」「どんな経営したらこんな状態になるんや」。午前10時の開会前から株主たちは憤懣やるかたない表情で口々に言い合っている。創業１００周年の記念すべき株主総会のはずが、会場の空気は例年になく重苦しい。

「期待に応えられずに誠に申し訳ありません。業績回復へ努力を傾注してまいります」。

冒頭に議長の片山が謝罪すると、役員全員が起立して深々と株主に頭を下げた。

それでも巨額赤字を出した経営陣に株主の怒りは収まらない。「これだけの赤字を出して、シャープが上場廃止になるかどうかとまで言われている状況です。液晶パネルへの過剰投資はどうなっているんですか」「社長は、自分たちは正しいと思って発言しているんではないか」。厳しい質問や意見が次々と飛ぶ。

「その当時は液晶テレビについてはあらゆる調査会社のデータを参考にしながら、需要は自らつくっていくものだと販売会社の見方も突き合わせながら需要予測を行った。その後、リーマン・ショックや超円高、世界的な消費マインドの落ち込みで……」。初めて社長として総会に臨む奥田も壇上で防戦一方だった。

そんな中、鴻海の郭が「シャープへの出資比率を引き上げたい」と〝口先介入〟を続けることについてだけは、「これ以上の出資を受け入れる計画はありません」とはっきり断言した。

土壇場のキャンセル

その2カ月後、8月30日。郭は再び堺工場に現れた。今度は満面の笑みを浮かべ、視察に訪れた台湾当局の要人らを最愛の息子を自慢するかのように製造ラインへと案内した。

実はこの日、郭は堺工場で奥田らシャープ首脳と提携について詰めの協議をし、その後に記者会見を開く予定だった。シャープと鴻海とのこの日の提携合意は間違いないと見て、堺工場には日台の大勢の記者が詰めかけた。郭やシャープ幹部の姿をとらえようと、ヘリも上空で待機する。

だが、待てど暮らせど郭が現れる気配はない。そのころ、郭は奥田らとの会談を土壇場でキャンセルし、すでに工場を車で出て台湾へ帰る準備をしていた。

午後3時、郭の代わりに記者会見場となった会議室に出てきたのは、鴻海のナンバー2で副会長の戴正呉だった。「郭らはいったん帰ることになり、代わりに副会長の自分が来ました。郭も先ほど堺工場を出ました。はっきりしたことは分かりませんが、ここで言えることは、少なくとも本日中には戻ってこないのではないかということです。これは決して皆さんをお招きしておきながらわざとキャンセルしたわけではありません。本当に申し訳なく思ってはおりますけれども」

そして、シャープと鴻海の提携協議がどうなっているかを聞かれると、早口で続けた。

「両社の提携は決して失敗してはならない。プレッシャーを感じながらも必ず成功させるしかないのでその点のご理解をお願いしたいんです。交渉はまだ最終的な段階には入っておらず、まだ協議中です。台湾と日本との産業連携は必ず成功させなければならないんです。急いては事をし損じます。しばらくお待ちいただけませんか」。郭が奥田と会ったことがあるかとも聞かれ、「今のところ3月から現在まで、まだ郭と奥田社長が直接会ったということはありません」と明かした。

慌てたのはシャープだ。スポークスマン役の取締役の大西徹夫は記者団に対し、「郭の来日中に奥田とのトップ会談を予定していたが、実現しなかった」と説明した。奥田は代わりに副会長の戴と交渉したと言い、「台湾でもいいので、できるだけ早くトップ会談の日程を設けたい」とも話した。

トップ会談をドタキャンする——。常識では考えられない郭の無礼なこの態度には、一向に煮え切らないシャープへの不信感がもろに透けて見える。郭は内心こう思っているだろう。「奥田さん、何も決められないあんたと話しても意味がないよ」

コンサルに丸投げ

鴻海との交渉でまったく相手にされず、メンツを潰された奥田はその後も、社内の求心力を一向に高められなかった。鴻海との資本提携交渉は町田が主導したものの、交渉が行き詰まりをみせてからは本社に顔を出すことが少なくなった。外部からだけでなく、社内でもリーダーが誰なのか判然としにくい状況になっている。相談役の辻晴雄が会社の行く末を案じているのか、本社を訪れる日が増えている。

主力取引先銀行から課された融資条件は、営業黒字化と14年3月期以降の最終損益の黒字化だ。円安効果もあって一時に比べて株価が持ち直す追い風も吹いていた。13年2月初旬に発表を予定する新たな中期経営計画の成否は、瀬戸際にあるシャープにとって極めて重要な意味を持つ。だが、中計の策定を主導するのは奥田ら経営陣ではない。外部の経営コンサルティング会社だ。「社員の士気のことを考えてほしい」「高額な費用に見合う仕事をやってもらえるのか」――。社員たちがこう不満の声を上げた。

社員があきれ果てるのも無理はない。2期連続の巨額赤字が不可避となることが明るみになった夏以降、コンサル会社が入り代わり立ち代わり本社を訪れるようになり、「詳細な内部資料の提出を次々求められる」（シャープ関係者）状況が続いていた。肝心の社員はどこか蚊帳の外という雰囲気だ。

最初にシャープ本社に乗り込んできたのは、世界的な会計事務所である英プライスウォーターハウスクーパース（ＰｗＣ）系列のコンサル会社。8月2日に業績を下方修正した直後に、シャープはＰｗＣと契約。資産査定や事業売却など再建案づくりを進めた。

次にシャープが頼ったのは、外資系のコンサル会社、コーポレート・バリュー・アソシエイツ（ＣＶＡ）。さらに10月にはＩＲ（投資家向け広報）戦略などを依頼するため、フロンティア・マネジメント（東京都千代田）とも契約を結んだ。大西正一郎、松岡真宏と産業再生機構でダイエーやカネボウの企業再生を手掛けた「再建のプロ」が設立した会社だ。併せて広報戦略で別のコンサル会社とも契約した。

そして今回、中計策定に関わるのがボストンコンサルティンググループ。夏以降、立て続けに5つのコンサル会社と契約を結んだことになる。

町田が主導した鴻海との提携交渉が難航し始めたころと、経営コンサルが相次ぎシャープ社内に入り始めた時期が重なる。実力者である町田の影響力の低下、経験が十分でない奥田ら経営陣が抱く不安……。権力基盤が大きく揺らいだ状況が、多くの経営コンサル会社を引き寄せる結果を招いたといえる。これでは落ち着いた経営など期待できない。

「経営の外部委託がどんどん進んでいますよ」

社内からも自嘲気味の声が漏れる。

引きこもる社長

企業が再建計画策定にあたり、コンサル会社と契約してアドバイスを求めること自体は不思議ではない。ただ、これだけ多くのコンサル会社に頼るのは異常事態だ。シャープ首脳の危機感の表れか、それとも不安の大きさの裏返しなのか……。

背景には社長に緊急登板した奥田が、相次ぐ業績下方修正の社外への説明など経営環境悪化への対応に追われ、いまだ全社を掌握しきれていないという事情があった。それを裏付けるようなことも起こった。

中間決算発表を間近に控えた10月下旬の会議。「30億円の違約金を支払って太陽電池原料の調達契約を打ち切りたい」との幹部の報告に、臨席したほかの役員は驚いた。

シャープは太陽電池原料であるシリコン約３００億円分を中国企業から調達する長期契約を結んでいたが、市価の下落によって割高な調達となり、長期契約を結んだままでは太陽電池事業の競争力が落ちる一方だった。

「約30億円の違約金を払ってでも、市価をベースにしたシリコン調達に切り替えた方が得策」との説明だったが、これまでにそんな話が公式に議論されたことはない。

過去に結んだシリコン調達契約をすべて洗い直したところ、調達額の合計は３０００億円弱。シリコンの市価は、ピークだった08年のリーマン・ショック前に比べて20分の１以下にまで下落していた。割高な原料調達契約を結んでいたことが、国内トップシェアでありながら太陽電池事業の赤字が続いていた大きな要因だったのだ。

この違約金支払いが表面化するまで「トップは太陽電池事業の赤字の本質をつかみ切れていなかったから、抜本対策も打てなかった」（中堅幹部）といわれる。

シャープはこの時期、米半導体大手クアルコムからの出資を引き出そうと水面下で動いていた。鴻海との資本提携交渉の先行きが不透明になっていた同社にとって、久々に明るい材料だった。

だが、交渉の陣頭指揮を執ったのは会長の片山で、社長の奥田ではない。奥田は工場など事業所回りのほかは、本社2階の役員フロアで「自室にこもって部下が差し出す資料にペンで修正を入れていることが多い」（社内関係者）。再建に向けて首脳らが役職にとらわれず目まぐるしく動いているものと見られるが、経営トップが何をしているのか分かりにくい状況だ。

奥田に片山、町田、辻……。ある取引先首脳も、「今のシャープは誰と話をすれば話が前に進むのか、さっぱりわからない」と漏らす。「シャープの『顔』が見えない」……。奥田は経営環境の急激な悪化で十分な準備期間が与えられないまま、かじ取りを担わされた経緯がある。これでは社内の士気も高まるわけがない。

鴻海の揺さぶり

こうしたシャープの状況を見透かすかのように、鴻海は次々に揺さぶりをかけてくる。「あの話は白紙にしてくれ」――。この秋、郭からの突然の通告にシャープ経営陣はうろたえた。

あの話とは、鴻海グループが中国・成都に計画するスマホ向けの液晶パネル工場にシャープが生産技術を供与するという案件。シャープは技術供与の見返りに、約500億円を3回に分けて受け取ることですでに大筋で合意していたが、突然白紙に戻ったのだ。シャープ幹部は、「うちの足元を見たテリーの揺さぶり。より有利な条件での再契約を狙っているのではないか」と声を潜めた。

これだけではない。最新の高機能液晶パネル「IGZO（イグゾー）」の技術供与や長年蓄積してきたパネル関連技術の公開の要請、シャープ株取得額の引き下げ要求……。12年3月の資本・業務提携発表時には互いに「韓国のサムスン電子に対抗できる戦略的パートナーシップ」とたたえ合ったはずなのに、シャープの経営が混迷し、苦境に陥るほど、鴻海の要求は逆に厳しくなっている。「リーダー不在と見た鴻海の要求は苛烈になっている」と関係者は指摘する。

鴻海はシャープの増資を引き受けて9・9%出資することで12年3月に合意した。その当時の株価なら670億円をシャープは手にできる算段だったが、合意時に比べてシャープの株価が大幅に下がったことなどから、いまだに鴻海のシャープ本体への出資は実現していなかった。払込期限は13年3月。それまで、鴻海の要求はエスカレートしつづけるとみられていた。

希望退職に殺到

12年12月15日。創業１００周年の記念の年に、シャープが戦後の混乱期以外で初めて実施した大規模な早期希望退職の募集には、想定した定員２０００人を大幅に超える社員が応募した。予定期日よりも募集を早く打ち切り、国内従業員の１割に相当する２９６０人がシャープを去った。「記念の年が『祈念』の年になるなんて……」。残った社員のため息も深い。

奥田は11月１日の記者会見で、経営再建の遅れを問いただす報道陣に対し、「何回も業績の下方修正をし、信頼を失ってしまったことについては大いに反省しなければなりません。重要なのは業績と信頼の回復です。客観的な意見を取り入れ、事業の潜在リスクを再度洗い出した上で経営計画を策定しました。業績回復に向けてとにかくやりきり、信頼を取り戻したい」と答えた。

その上で、「シャープは多くの技術を持っています。ただ、この資産をうまく回転させ確実に収益に結びつけるバイタリティーのある企業にはなっていません。決めたことはやりきって、問題があればスピード感をもって軌道修正できる会社にしたい」と強調した。

経営判断のスピードが遅いという指摘に対しても、「遅いとは思わない」などと反論したが、会社を去る社員からは「会社をどう立て直すのか、もっとトップの声が聞きたかった」との声が漏れてくる。

ある社外役員は話す。

「奥田は社長の器ではないね。人の心はつかめないし。決断できないから。前に進めようというときにあの人は決断できない。下から変えなくてはいけないという動きが出てきた。もし、経営陣を刷新できたらシャープにとって、これまでの歴史を打ち壊すような大変革ですよ」

奥田らが鴻海との交渉などに振り回され、シャープの業績もまったく上向かなかった。現状をまったく打開できない奥田、院政を敷く町田らへの強い不満が社内で噴出していた。シャープは再び、人事抗争で激震に見舞われることになる。片山らが主導したクーデターだった。

第3章

復讐のクーデター劇

退任記事

2013年5月5日、奈良市の閑静な住宅街にあるシャープ会長、片山幹雄の自宅、通称「液晶御殿」は多くの報道陣が早朝から駆けつけ、物々しい雰囲気が漂っていた。この日の読売新聞朝刊1面では「シャープ片山会長退任へ　奥田社長に権限集中」という大見出しの記事が掲載されていた。

07年に49歳で社長に就任してから6年。12年4月には業績悪化で代表権のない会長に祭り上げられたとはいえ、「シャープの顔」といえば、表舞台から去ってもやはり片山だった。後任社長の奥田隆司が手腕を発揮できず、13年3月期も巨額赤字に再び陥ることになった。片山を外した最高権力者の相談役、町田勝彦にとっても大きな誤算だった。

片山の退任記事は、町田らが仕掛けてきたのではないか――。片山の側近たちも、記事の裏にある真意を勘繰り、もはや抜き差しならない事態にあることを改めて気づかされた。

自らの退任記事を読んで片山は冷静さを失い、周囲に怒りをこうぶちまけた。

「こんなやり方は汚い。今の体制は腐っている。僕だけが辞めるなんてことは絶対にない。

自分が辞めるときには町田や辻（晴雄）、前の副社長や顧問とか全員、道連れにしてやる。メーンバンクからも残ってほしいと言われているし、シャープの取締役の９割が自分に賛成してくれているんだ」

「業績だって、この１年全然駄目じゃないか。こちらだけ責任をとらされるのはたまったもんじゃない」

そして、携帯電話で副社長の高橋興三らを自宅に来るよう呼び出す。驚いた高橋らが「報道関係者がたくさんいるでしょう。行っても大丈夫なんですか」と聞いても、「大丈夫、大丈夫」と全く取り合わなかった。高橋らは記者をまいてなんとか片山の自宅に入る。片山の自宅での会合は、この日の夕方に予定された奥田を交えた「極秘会議」に向けた最後の打ち合わせだった。

その前日、奥田は親しい関係者にこう漏らしている。

「続投させてくれるかなあ。気にしてもしょうがないんやけど、社長はやっぱり孤独なんや。何をするにしても孤独ですわ」

北浜の極秘会談

関西を代表する金融街、大阪の北浜。5月5日はゴールデンウイーク中ということもあり、人通りも疎らだった。北浜の交差点から5分ほど歩いた場所にある料亭「光林坊」に、大型連休には似つかわしくない背広姿の男たちがひそかに集まった。

畳敷きの個室に通されたのは、社長の奥田や副社長の高橋ら全員がシャープの幹部。緊張しているのか額に汗がにじむ者もいる。軽く会釈はしてもお互いに目を合わさない。巨額赤字の決算発表を9日後の5月14日に控えるなか、急きょ最高幹部が勢ぞろいしたのだ。

「社長、お願いですから身を引いてください」「あなたがトップではうちの会社は持ちません」。店自慢の日本料理に舌鼓を打つひまもなく、部屋には怒声が響いた。この日の用件は1つ。社長の進退だ。取締役の大西徹夫や藤本俊彦らが激しく奥田に辞任を迫った。

「何を言うてるんや」「おまえらは何も分かってへん」。奥田も気色ばんで反論し、議論はまったくと言っていいほどかみ合わない。居並ぶ「部下」からの集中攻撃でプライドをずたずたにされた奥田は「ええかげんにせえよ」と一喝したものの、逃げるように途中で退席してしまった。

実はこの秘密会合には、奥田と並ぶもう１人の主役がおらず、逆に意外な人物が同席していた。

主役とはもちろん、この日の朝刊で退任が報じられた会長の片山だった。「奥田降ろし」を仕掛けた筆頭ともいえる実力者だ。だが、実は前日に自宅の電球を交換する際、足を滑らせて病院に運ばれるほどのけがを負い、外出できなくなった。本来ならば、高橋らと一緒になって、奥田に退任を迫るはずだった。

通常なら大将がいないのはマイナスになるはずだが、この片山不在はのちに関係者が言う「天佑」として思わぬ効果をもたらすことになる。

一方、「意外な人物」とは、シャープ労働組合中央執行委員長の津田秋一だ。経営と対峙するはずの労組のトップが、会社の重要案件、まして社長人事に口を挟むのは本来ならおかしいことだ。奥田もそんなことは分かっていた。

奥田の苦悩を知るある幹部は、こう証言する。

「役員陣は片山さん以下、反奥田で固まっていた。奥田さんは自分の味方が誰一人いないことで普通の判断もできなくなっていたのではないか。現役の社長を袖にして労組が反乱側に与することはないと読んで、ほかの幹部の反対を押し切って津田を料亭に呼び寄せた。奥田さんの孤立は非常に深かった」

社長の白旗

北浜の料亭での会合の翌日、奥田の姿は大阪・心斎橋にあるホテル日航大阪にあった。北浜とは打って変わって、ホテルに面した御堂筋は大型連休を楽しむ人たちであふれている。奥田は休暇中の人事本部長経験者らを携帯電話で急きょラウンジに呼び出すと、緊招集のねぎらいもそこそこに、前日の会合のいきさつを説明して自身の進退を相談した。呼び出された幹部にとっては寝耳に水の話だ。

「それで、どう思う?」。社長が人事部長に自分の人事を相談する――。通常の会社では考えられないことだが、奥田に限っては普通のことと言えた。その場でも辞めた方がいいと諭されると、奥田は「一晩考える」と言い残してそのまま帰宅した。

「おれが引くことで丸く収まるなら」。奥田が社長を辞めることにしたと各所に伝えてきたのは、翌5月7日のことだ。12日には主力取引先銀行の幹部を東京に訪ね、新たな経営体制を報告した。

13日の日本経済新聞夕刊１面では奥田が会長に就くこと、それに伴う片山の会長退任、そして高橋が新社長になることを報じた。

あるシャープ幹部が振り返る。「今思えば、片山が偶然のけがで会合に来られなくなったのが大きかった。あの場に片山が来ていたらさらに奥田との間で感情的なしこりが残り、結果的にスムーズな社長交代にはならなかったのではないか。片山には申し訳ないが、彼のけがはうちにとって『天佑』だよ」

復権を狙った片山

片山は12年4月に社長の座を奥田に譲り、代表権のない会長になった。それ以降は表舞台に出ることは意識的に避けてきた。だが、おとなしくしているわけもなかった。ある役員は奥田の決断力のなさにあきれて、片山にこう聞いたことがある。「なんで、奥田さんが社長になるのをあのとき止めなかったんですか」。片山の答えはこうだった。

「自分の後任は副社長の高橋しかいないと思っていた。でも、自分が会長になるんだからその下の社長が誰だろうとどうでもいい。だから自分の意見は言わなかったんだよ。奥田の名前は浜野（稔重）さんが町田さんに刷り込んだことも分かっていたよ。浜野さんの子飼いの奥田が社長になれば丸く収まるでしょ。そうならなかったら浜野さんが内紛を起こさないとも限らない」

奥田社長時代も片山は常にシャープの顔であり続けた。

片山は代表権のない会長になることが決まった後、すぐに動き出した。「シャープを何としてもよみがえらせたい。おれは一兵卒でいい」。海外企業を相手にした交渉や液晶事業を立て直すため、再び国内外を駆けずり回り始めた。

社長退任後も、片山は「液晶のシャープ」を象徴するエース技術者であり、経営者だった。世界のハイテク産業では片山の知名度は抜群だ。もちろん片山自身も、強いリーダーシップなど発揮できるわけもない奥田の存在感の乏しさを見てとり、復権への思いが頭をもたげていった。

12年8月31日午後2時、関西国際空港。出張帰りの片山がポロシャツにジーンズという軽装で第1ターミナルに降り立った。行き先はサンディエゴなど米国西海岸だ。この後、

12月に資本・業務提携で合意にこぎ着ける米半導体大手クアルコムの本社で、最初の交渉をするためだ。ちょうど、鴻海精密工業の郭台銘（テリー・ゴウ）が台湾の要人らを連れて堺工場を訪ねていたころだ。「あれ、片山さんがいないんだけど」と、鴻海側が問いただすと、シャープ側は「偶然、海外出張と重なっただけですよ」とごまかしたという。

出資交渉

「これはただごとやないですよ。何かありますよ」。クアルコムとの交渉は5月、片山に近い高橋が急いで本社へかけてきた1本の電話から始まった。

高橋は、当時世界的に不足していたスマートフォン向けの半導体を供給してくれるように要請するため緊急で渡米した。サムスン電子やソニーなどと比べものにならないほど小さなシェアのシャープに対して厳しい言葉を予想していたが、クアルコム首脳陣からはいつになく丁重にもてなされた。「うちを助けてくれる気があるかもしれない」――。これを高橋は、新たな関係構築に向けた秋波と受け止めた。

片山は猛然と動く。それから4カ月、自身にはない会社の「代表権」を持つ高橋と連れだって10回渡米し、クアルコムとの交渉をまとめあげた。液晶で培った技術力を「武器」として生かし、スマホ向け次世代パネルの共同開発とすることで合意、約１００億円の出資を引き出した。

「必ずこのパネルをものにしよう。一緒に頼む」。クアルコム最高経営責任者（ＣＥＯ、当時）のポール・ジェイコブスは11月16日、サンディエゴの本社での昼食会で片山らに最後にこう言い残すと、がっちりと握手して次の会議に向かった。シャープ幹部が言う。「残念ながら、今のうちの会社で海外企業と対等にやり合えるのは片山だけだ」

サムスンの御曹司

もう一つの海外企業との提携が動き出す。12年末になっても、シャープの業績は回復の兆しすら見えなかった。そんななか、ある男がシャープ本社を片山と奥田への表敬訪問という名目で訪れた。サムスン電子副会長の李在鎔《イ・ジェヨン》。会長である李健熙《イ・ゴンヒ》の長男で、同グループ次期トップの最有力とされていた。液晶を巡って訴訟合戦を繰り広げてきた両社の首脳が歓談するのは初めてだ。

「ところで、堺に出資させてもらえませんか。当社は大型テレビ用のパネルが足りないんです。うちなら上手に活用できると思いますよ」。12月20日、とおり一遍の挨拶が終わった後に李はこう切り出した。堺とはテレビ用大型パネルを生産する堺工場のことだ。12年7月に鴻海グループから出資を受けて共同運営に切り替えていた。

片山と奥田は丁重に断った。「申し出はありがたいですが、堺は鴻海と一緒にやってますから厳しいですね」。同席していた取締役の藤本俊彦がこのやりとりを見て「ならばうちの本体へ出資してもらえませんか」と唐突に話しかけると、李は「考えましょう」と静かに応じた。これが仇敵《きゅうてき》、サムスンとの資本提携につながるすべての始まりだ。

それから2カ月半後の13年3月6日、シャープとサムスンは電撃的に資本提携を発表する。サムスンがシャープに約３％を出資する。シャープがサムスンの軍門に降る――。

サムスンといえば、シャープだけの敵ではない。ソニーにパナソニック、東芝、日立製作所……。自動車産業と並んで日本の屋台骨といわれた家電産業は、この1社にデジタル製品の世界市場から駆逐されたと言ってもいい。衝撃は日本列島を駆け巡った。

噴出する怒り

まさにその日の夜、鴻海の郭はくしくも大阪の中華料理店にいた。郭はグラスを傾けながら周囲にまくし立てた。

「サムスンとうまく付き合った日本企業はないのに、いったいどうしてなんだ」

郭はサムスンからの出資を事前に耳にし、怒って5日夕刻に予定されていた片山と奥田との会談を直前にキャンセルした。ドタキャンは12年8月に続いて2回目だ。シャープは奥田の親書に翌日公表する極秘の資料まで添えて鴻海側に渡したが、郭からの返事はなかった。この会食も堺工場の幹部らだけで、シャープ関係者は招かれなかった。

シャープと鴻海は12年3月、鴻海がシャープに9・9％出資することで合意した。出資期限は目前の13年3月26日に迫るが、条件面で折り合えず、交渉妥結は望むべくもない状態だった。郭にとってシャープへの出資を決めた「大義名分」は、液晶テレビなどデジタル製品の覇権を握りつつあるサムスンを、日台連合で手を取り合って倒すことだった。そのサムスンからの出資だけに、「シャープに裏切られた」との思いがあっても当然だろう。

特に片山への怒りは強かったという。もともと、日台連合は片山のアイデアであり、経営危機に陥ったシャープを復活させる最大の切り札として強力に進めていたからだ。

もちろん、シャープ社内でもサムスンへの接近には、異論が噴出していた。「あのサムスンからの出資などあり得ない」「ほかに相手はいくらでもいるだろう」。交渉を主導した片山らから経緯の説明を受けると、ある幹部は強い拒否感を示した。社外取締役らの一部からも、シャープの経営をここまでの悪化に追い込んだ元凶とも言えるサムスンからの出資には反対論が出たという。そのため、サムスンは当初、４００億～５００億円の出資を提案したというが、最終的には約１００億円にとどまった。

シャープは自己資本比率も９・６％と、製造業で一般に健全とされる20～30％を大きく割り込む危機的な状態にまで下がっていた。この状況を打開しようと、鴻海との交渉が膠着状態になった12年秋から新たな出資先の獲得に奔走していた。

米インテルや同マイクロソフトなど内外の複数のＩＴ（情報技術）大手に資本参加を持ちかけたが、実現したのは、サムスンとクアルコムの2社だけ。両社合わせた出資額は約２００億円と、最低でも１０００億円規模の資本増強が必要とされるシャープにとっては「到底足りない金額」（金融関係者）だ。それでも、サムスンとクアルコムとの提携をまとめたのは、片山の力だった。サムスンとの関係は出資以外の効果も現れた。

異変

シャープの経営において最大の足かせはこのころ、主力の亀山工場になっていた。亀山で作る液晶テレビは「世界の亀山ブランド」としてもてはやされたが、最新の中小型パネルやテレビ用大型パネルを生産する第2工場の稼働率は、中小型の販売苦戦などから3割程度に落ち込んでいた。高価な製造装置がたくさん必要な液晶工場は、フル稼働に近づけなければその分利益が減って赤字になる。

「12年12月ごろから急にサムスン向けの生産が増えて驚いた」。亀山関係者は振り返る。中小型パネルの専用拠点とするはずだった第2工場は、大半がサムスン向けのテレビ用32インチパネルを生産する。稼働率は一気に約6割まで高まった。まさにサムスン様々だ。

それと時を同じくして、隣にあるアップルのスマートフォン「iPhone」向けパネル専用の第1工場では、生産量が従来のフル稼働から急減する。13年3〜4月の生産量はほぼゼロだ。

アップル向けはｉＰｈｏｎｅの販売好調に支えられ、シャープの経営を下支えしてきた。その収益源の変調に、シャープがもはや頼れるのは世界でもサムスンしかなかった。シャープ首脳は「サムスンとの提携話が潰れたらうちも潰れる」と語るところまで追い込まれていた。

サムスンからの出資が発表された3月6日午後4時、シャープの社内イントラネットに奥田から全社員に向けた緊急メッセージが掲載された。

「サムスンからの出資は経営への関与につながるものではありません。事業規模が競争力を左右する液晶産業というパワーゲームに、サムスンとの協業を通じて当社の強みを最大限に発揮しようとするものです」

サムスンの李はシャープへ出資して程なく、ある日本のメガバンク首脳らに余裕の表情でこんな本音を打ち明けた。

「日本勢の技術に興味があるわけではありません。それより、それらが行き詰まり、パネルなどを安売りされると、市場が荒れる。その前に日本メーカーが当社と協力するように銀行からも伝えていただけませんか。われわれは協力を惜しみません」

密約

だが、この交渉には裏があった。何の見返りもなくサムスンとの提携がまとまるのは不思議だと、シャープ関係者の間でもささやかれていた。

13年3月下旬、分厚い書類を繰るあるシャープ幹部の手が止まった。読んでいたのは、シャープがサムスンと結んだ資本提携の契約書だ。幹部でもごく一部しか閲覧を許されていない極秘の文書には、両社が公表したサムスンからの100億円の出資関連以外に驚くべき文言が盛り込まれていた。自分しか部屋にいないことを知りつつ、幹部は怖くなってすぐに周囲を見回した。「密約」だ——。

内容は大きく2点あった。1つ目は、複写機事業の売却について。契約書にはサムスンに「優先交渉権」を与えると明記され、その上で入札など具体的な売却作業に入らなければならないとある。さらにそれが実行されない場合の違約金の支払いにまで文言は及ぶ。

シャープにとって複写機事業は黒字を出し続ける孝行息子である。収益が不安定な液晶やテレビ事業を抱える以上、いわば安定剤としてなくてはならない存在だ。複写機事業の売却は経営状況が悪化した前年夏に検討はしていたものの、経営に与える影響の大きさから、複数の日本企業が興味を示してもあえて首を縦に振らなかった。

機械工学と光学技術がふんだんに盛り込まれた複写機は、キヤノンやリコーなど日本勢の独壇場で、テレビやスマートフォンなどのデジタル製品で日本メーカーを世界市場から追いやった韓国勢や中国勢もほとんどシェアを獲得できていない。

この技術が事業売却という形でサムスンに渡れば、資金力に物を言わせて複写機の世界地図が塗り替わるのは時間の問題だ。一企業の興亡といった次元を超え、「国益」の損失という言葉さえも大げさではない。その衝撃を、「手が震えるというのはこういうことなのかと思った」と前出の幹部は振り返る。

もう1つは、鴻海との関係についてだ。シャープが鴻海と12年3月に合意した資本提携、すなわち「鴻海がシャープに1株当たり550円で9・9％出資する」という条件を一切変更しないとサムスンに約束し、郭がたびたび求める鴻海の取得株価の引き下げや出資比率の引き上げには応じないと明記している。また、努力義務として、鴻海と共同運営する堺工場の運営会社の鴻海グループの持ち分をサムスンに譲渡すべくシャープが動くことも書き込まれている。

サムスンの目的は明確だ。シャープと鴻海の関係を引き裂くこと以外にない。サムスンの最大の敵は、スマートフォンで世界首位を争うアップル。そのアップルのスマートフォン「iPhone」に最重要部品の液晶パネルを供給しているのがシャープであり、そのパネルを中核に多数の部品を組み立ててアップルに納めているのが鴻海だ。

シャープを自社陣営に取り込んで鴻海との仲を引き裂くことは、すなわちiPhoneを作る「アップルピラミッド」にくさびを打ち込むことと同義といえる。

売上高20兆円の世界最大の電機メーカー、サムスン。瀕死のシャープに手を差し伸べるという名目のもと、〝はした金〟に過ぎない100億円でここまで要求を飲ませた。逆にいえば、シャープは100億円欲しさにサムスンに全面的にかしずいたともいえる。

シャープは一線を越えた。「サムスンとうまく付き合った日本企業はない」――。郭のこの言葉はその後、現実となる。

町田の人事介入

クアルコムに次いで、サムスンからの出資も引き出した片山は自信を深めた。それと比例して奥田の求心力は急激に低下した。シャープの権力の重心がどこにあるのか、もはや誰も分からなくなっていた。経営には再び抗争の気配が漂い始めた。片山には自らの復権を狙う好機が訪れたとの読みがあった。

13年3月、4月1日付の役員人事を事前説明に行った奥田に、相談役の町田が注文をつけた。「ここは何とかならないのか。中国に出すことだけはだめだ」。町田が認めなかった役員は1人だけ。町田と縁戚関係にあるという人物だ。

当初案では中国事業の統括役として現地に赴任させることになっていたが、「本社から遠く離れると会社内部の事情に疎くなると考え、町田が反対した」といわれた。奥田は自分を社長に引き上げてくれた後ろ盾の町田に抗うことはできなかったのか、あっさり見直すことを約束した。

これにいきり立ったのが役員のほぼ全員だ。ある幹部はこう話す。

「奥田も含めて皆で決めた人事だ。役員でもなく経営に何の権限もない町田の一声でひっくり返され、社長もそれを受け入れるのはおかしい。それまで奥田降ろしに明確に賛同してこなかった役員も、この一件で一気に態度が決まった」

「近いうちに食事をご一緒させていただけませんか」。このころ、片山から連絡を受けた旧知の金融関係者は首をかしげた。「片山さんも会長になって時間の余裕があるはずなのに、えらい性急だな」。すぐに、「もしかして辞めるのか」と思ったというが、「まさか会長になって一年での退任はないだろう」と気にとめなかったという。

「僕の気持ちはすっきりしている。過去と決別しなければシャープはいつまでも立ち直れない」。4月上旬、片山はある宴席で、親しい部品メーカー幹部にもこう耳打ちした。この幹部は、「今思えば、自分の退任と引き換えに社長の首をとるという強い意志を感じ取った」と振り返る。

2代目の社長で中興の祖とされる佐伯旭から見て、3代目社長の辻と、4代目社長の町田までが縁戚関係にある。片山が言う「過去」とはこの経営形態を指す。奥田も町田の言いなりで、片山たちから見れば、「旧体制の一員」だ。

中立派の幹部は言う。

「片山が全部引き連れて辞めるって言ってるんでしょ。片山は勘違いしているかもしれないけど、本人がそう言ったからってみんなが動くわけではないですよ。結果的にそうなるかもしれないけれど、片山の思いと奥田がだめという人たちの利害がたまたま一致しているだけですよ」

「片山、お前も引け」

「奥田を辞めさせるには取締役会で解任動議を出すしかない」――。奥田、そして町田憎しの感情が最高潮に達しつつあった4月20日、片山は奥田と町田から突然の呼び出しを受ける。

町田は片山にこう告げた。「パナソニックの大坪文雄さんも経営責任をとって会長を辞めることは知っているだろう。片山、お前も引いてくれないか」。同じく巨額赤字に沈んだ家電業界の雄、パナソニックが大坪の1年での会長退任を発表したばかりだった。

町田らがパナソニックのことを引き合いに出すのは2回目だ。1年前、会長になる片山から代表権を奪ったときと同じ〝口実〟だ。奥田と町田の先制攻撃に片山は頭に血が上るのを必死で抑えながら切り返した。「分かりました。私も引きますから社長も辞めてください。そして顧問・相談役制度も廃止しましょう。それなら応じます」

お互い一歩も引かず、結論は出なかった。その代わりにそれまで水面下でくすぶっていた奥田降ろしの動きが一気に表面化する。これが5月5日のクーデターにつながった。

高橋社長の誕生

13年5月14日午後、シャープは東京駅八重洲口近くにある高層ビルで13年3月期の決算発表に合わせて社長交代の記者会見を開いた。曲折を経て副社長の高橋興三が第7代社長に就任することが内定したのだ。

「社長として最低限の責任を果たしたのではないかと思います。今は達成感があり、後は新執行陣にお願いする気持ちでいます」「懸案だった資金繰りにもめどがつき、経営再建の道筋が立てられました。希望退職のほか給与・賞与の削減など従業員に重い痛みを強いていることは事実で、経営者として大変重く受け止めています」

壇上の奥田と高橋には詰めかけた200人もの報道陣から無数のフラッシュと質問が浴

びせられ、奥田は退任する心境を問われて、これまでの会見では決して見せたことのないすっきりとした表情で語った。文章を読み上げるかのようなその物言いからは、数日前の焦燥感は消えていた。

高橋も社長就任の経緯について淡々と話した。「4月の下旬に突然、奥田社長から『中期経営計画の達成を頼む』と言われて驚きました。すべての力を出すときが来たと思います。自分で判断して自分でチャレンジし、上からの指示を待たない、そういう企業風土に変えたい。海外ではトップがすぐに出てきて、議論がスタートする。すごいスピードを肌で感じました。シャープもこれからスピードを上げていきます。複数の企業が互いの強みを持ち合って新しい事業やサービスをつくる時代が始まっています」

そして、片山の経営責任について聞かれるとこう答えた。「確かに多くの投資をしてしまいました。投資で生産力を上げ、コストで勝つ時代は終わりつつあったのではないかと思います。私を含め、シャープの誰もが気づいていませんでした。彼だけが個人で失敗したとは思っていません。私にももちろん責任はあります」

2人はトップ交代の経緯のつじつまを合わせ、ドロドロの人事抗争をおくびにもださなかった。

新社長は救世主か

高橋はおもむろに1枚の名刺大の白いカードを懐から取り出した。それは創業者、早川徳次らの言葉をまとめた「経営信条」といういわばシャープのバイブルだ。「二意専心　誠意と創意　この二意に溢れる仕事こそ、人々に心からの満足と喜びをもたらし真に社会への貢献となる」。この文言から始まる信条を「書かれていることは全部素晴らしい」と持ち上げ、「創業精神以外はすべて変える」と言い切った。その姿はバイブルに手を置いて、元のシャープに返ることを誓っているかのように見えた。

この日発表した13年3月期の連結最終損益は5453億円の赤字。前の期も3760億円の赤字で、2期連続で巨額赤字を計上した。5月の経営陣刷新で、社長の奥田、会長の片山が取締役を退くことも発表した。奥田は会長の肩書は残るが、取締役でもない単なる名誉職だ。そして、片山は技術顧問に就く。

高橋は米国法人トップなどを務めた経験があり、普通の大企業なら国際派のエリートにも見えるかもしれない。しかし、シャープの経営者の系譜では異質だ。辻や町田のような、中興の祖である佐伯の姻戚でもない。片山のように業界内で知られた技術者でもない。だが、異質な経歴ゆえに、今度こそ救世主になってくれるのではないかと期待が高まった。ほとんどの社員が高橋の社長就任を歓迎した。

抗争の敗者たち

奥田は13年春に社長の座を高橋に譲った。さらなる経営悪化から2年後の15年春に会長も退くと、非常勤の顧問となる。現在はシャープ本社にある社員食堂で１人で昼食をとる姿が見られるという。ある社員が話す。

「みんな、社食で『あ、奥田さんだ』と思っていますよ。後ろ姿は寂しげですが、さすがに誰も声を掛けられないでしょう。普通は経営悪化で退任した社長経験者が、一般の社員が利用する食堂など、まともな神経では来られませんよ。でも、会社に来て昼時になって腹が減ったら社食に行く、そういうどこまでも一般社員と同じ発想なのが良くも悪くも奥田さんらしい」。片山と高橋らに引きずりおろされた、悲劇の６代目社長の奥田。大企業のトップに上り詰めた往時の面影は消えていた。

片山も白旗

片山は会長を退くことが決まった後、高橋に企業買収の話を持ち込むなど、新体制でも存在感を発揮しようと動いた。だが、社長内定後に社員の期待を受けて自信を深めていたのか、高橋は取り合わなかった。周囲にはこんなことも言っていた。「片山さんはいつまで経営者気取りなんや」

片山は会長退任後、大阪の本社から遠く離れた天理工場に個室を与えられた。取締役は退くものの一定の発言力は得られると踏んでいたが、完全に読みが外れた。片山に近い幹部はこう語る。

「片山さんは天理で完全に飼い殺しの状態でした。本社での席もなくなり、わざわざ自分から本社に行く理由もなくなりました。自分が高橋を推したつもりだったにもかかわらず、ここまで冷たくされたことは予想外だったと思います。会長退任直後から転職の話がたくさん来ていたと聞きますが、本人も早く新天地を見つけたかったことでしょう」

そんな片山は7月上旬、大阪市内で向き合った高橋に対して「もう会社の経営には口出ししませんから」と話した。かつてのようなぎらぎらとした力強さはなくなっていた。

高橋は6月25日の株主総会で正式に社長に就任した。１日も早い経営再建やリーダーの不在ぶりを訴える株主らに、「もはやＯＢには決定権はない」と宣言した。予想以上に権力掌握が進んでいった。奥田と片山の２人について周囲にこう語った。

「奥田さんはしんどかったんや。ほんとにつらかったんや。あんな状況の中で誰がやっても無理や。彼が１年でちゃんと引いてくれたから今のシャープがある。見事な決断や。変ないざこざを外に見せずに良い印象の形で僕にバトンを渡してくれた。これは大変ありがたいし、僕にとってもやりやすい。僕は米国とかで外国企業と侃々諤々《かんかんがくがく》やってきたんや。僕はぐっと相手の懐に飛び込んでいくタイプ。何が正しいかという基準で相手と徹底的にやる。決して引かない。防戦一方の奥田さんとも、片山さんのように自分の手柄をつくるだけのやり方とも違うんや」

日本電産に転職

片山はそれから１年余りが過ぎた14年９月、日本電産の副会長兼最高技術責任者

（CTO）に内定したことが発表され、業界中があっと驚いた。日本電産の会長兼社長の永守重信の強い要請に応えたものだ。「片山さん、あなたには失敗した経験がある。それは貴重なものだ。ぜひ、日本電産で役立ててほしい」と。

だが、経営判断のミスだけでなく、人事抗争を仕掛けて経営を混乱させた片山に対して、シャープ社内では怨嗟の声が噴出した。そんな多くの社員たちの怒りを代弁するのが、片山のかつての上司でもあり、シャープの技術開発部門を長く率いてきた元副社長の浅田篤だ。

「日本電産に入った後で、片山にある会合で顔を合わせたことがあるんです。彼は笑顔でこう言いました。『浅田さん、シャープからは本当に優秀な人材がうちに来てくれるんですよ』と。その話しぶりは、『俺がシャープの社員を救ってやっている、助けてやっている』という感じでした。誰のせいで、シャープはこんなひどいことになったのか。会社を辞めて日本電産に移る社員たちの多くは、生活などのために仕方なく行っているんですよ。本当に許せません」

第4章

内なる敵を排除せよ

大物ＯＢの怒声

社長就任が内定した副社長の高橋興三はいよいよ、自らの権力基盤固めに動き出す。２０１３年５月14日に都内で開いた記者会見ではシャープの企業風土を「けったいな文化」と言い切り再生と成長に向け過去と決別する姿勢を強調した。３代目社長の辻晴雄、４代目社長の町田勝彦という、２人の大物社長経験者がいつまでも権限を持ち、複雑に利害が絡んだ対立が経営をゆがめていることへの痛烈な批判だった。

「何を言ってんだ。なんで俺なんや」――。本社ビル２階の役員フロアで、廊下にまで怒鳴り声が響き渡った。「なんで俺が引かなあかんのや。会社のことが心配なだけなんや」。怒鳴り声の主は、３代目社長で特別顧問の辻だった。はるか目下だったはずの高橋から突きつけられた引導に耳を疑い、目を丸くした。

高橋は、かつてシャープの黄金期を築いた功労者でもある辻の言い分にうなずいたが、話を聞き終えると、もう一度、真顔で繰り返した。

「会社を変えるためです。辞めていただけませんか」。社長就任を控えた6月中旬、社長に指名された後に高橋が初めて下した大きな決断だった。

実は、5月14日の社長交代会見直前の取締役会で辻、町田の処遇は決まらなかった。正確にいうのであれば、本人たちが激しく抵抗し、決めることができなかったのだ。

重鎮に鈴を付けるのは誰か。片山幹雄は経営の一線から退き、会長に祭り上げられる奥田隆司も自分を引き上げてくれた恩人に弓を引くだけの勇気はない。OBを見渡してもそのような役回りを演じることができる人間はおらず、高橋がその役を引き受けるほかなかった。高橋に近いシャープの幹部はこう語る。

「高橋さんの仕事はまず自分に権限を集中させることでした。奥田さんよりも町田さんや片山さんが存在感を示し、それが会社を混乱させていることを経営の中枢にいてよく分かっていました。辻さんと町田さん、片山さんの複雑な人間関係を逆に利用し

次期社長に決まり記者会見する高橋興三副社長（右）と奥田隆司社長（左）（13年5月）
写真提供：日本経済新聞社

て、旧経営陣を排除することに成功しました。これで社員や主力行など関係者の支持を一気に取り付けました」

「仲良し3人組」

6月25日付の新体制では、奥田や片山が退任する一方で、みずほコーポレート銀行（当時）と三菱東京UFJ銀行から経営企画と財務部門を担当する取締役を2人受け入れた。2行からは合計1500億円の追加融資枠を確保し、社内外に銀行管理で経営再建を進める姿勢を示した。5月14日の会見後、高橋は社長職を実質的に奥田から譲り受け、早くも新体制をスタートさせた。

主力2行は常務取締役として藤本聡（みずほ）、橋本仁宏（三菱東京UFJ）を派遣したものの、「メーンバンクとしてエース級の人材を送り込んだわけではない」（金融関係者）という。この時点ではシャープの再建を楽観的に見ていた節がある。

経営権はシャープ側が握っていた。中心人物は副社長で技術担当の水嶋繁光、専務で財務統括の大西徹夫に、高橋を加えた「仲良し3人組」である。財務状況が悪化するなか、特に高橋は大西を「てっちゃん、てっちゃん」と呼び、銀行との交渉窓口を任せた。高橋らに近い元幹部はこう語る。

「3人は、幹部候補生を育成する『シャープ　リーダーシップ　プログラム（SLP）』の第1期生として旧知の仲でした。銀行出身の2人がシャープの各事業を理解するまでには時間がかかり、実質的な経営のかじ取りは3人と経営企画担当役員の藤本俊彦の4人で決めていました」

実は、3人組によるクーデターの動きは2013年に入ってから静かに動き出していた。「もう奥田さんではこれ以上は無理です。高橋さん、覚悟を決めてください。自分たちが支えますから」――。大西や水嶋は高橋に対し、しきりに社長就任を促していた。片山は片山で旧経営陣の排除に動くなか、それとは別に着々と水面下で来るべき時に備えていた。

複写機の技術者出身の高橋は、液晶が主流のシャープで自らが社長になるとは思っていなかった。何より「無欲の人」だった。社内で敵がいないからこそ、片山に推され、町田や辻も黙認し、大西や水嶋が陰で支えた。それでも本人は2月には社長になることを意識しつつあった。創業者である早川徳次のことが書かれた書物を読みあさり、時には涙を流したという。そして1つの結論に達していた。

「創業者である（早川）徳次さんが自分の体を使って会社を再生させようとしているんだ。そのときが来たら自分がやるしかないのかもしれない」

高橋は情に厚い男だ。尊敬する創業者の早川の言葉を集めた『経営信条』にはこう書いてある。「和は力なり、共に信じて結束を」。胸ポケットに忍ばせた早川の言葉を何より大切にしていた。町田ら社長経験者の排除は、その理念とかけ離れているように見える。

しかし、高橋のなかでは筋は通っていた。会社を救うためには〝多頭政治〟からの決別が社員の「結束」を高めると信じていた。だからこそ、社長である自分を中心とした〝ワンボイス〟への転換を最優先課題とした。

辻は肩書こそ変わらなかったが、専用車も個室も専属秘書もない立場に退いた。「液晶王国」に君臨した町田も、相談役から辻と同じく、「特別扱いのない」特別顧問に引いた。2人の足はその後本社から遠のき、用事があるときにだけタクシーで来社する姿が見られる程度になっていった。高橋は社長就任後、辻と町田の2人についてある役員にこう語っている。

「辻さんや町田さんには悪いことをしているなって思うんや。車も部屋も秘書もとりあげた。彼ら（辻と町田）が高橋さんのことを追い落とそうとしているので、気をつけてくださいっていう忠告メールがしょっちゅう来るんや。それでも最近、辻さんは『高橋さん、高橋さん』って言ってくるねん。『ちょっとでも会社の役に立ちたい』ということなんやろ。町田さんはなんも言ってこない。そういう意味でプライドがあるんやろな」

会社の評判は最悪

「危機になったのは自業自得だ」「下請けいじめしていた罰が当たったんだよ」――。高橋が本社に戻ってきて、取引先や部下から聞く声は、同情や激励というより、「上から目線」で多くの取引先を敵に回していた実態だった。

高橋自身、親しい同僚役員に「シャープの評判は最悪や。本当に潰れるかもしれない」と吐露したこともある。「高橋さん、あなただから信用して話しますけど、シャープがこういうことになって『ざまあみろ』と思っている人は多いですよ」。取引先や関係者から直接、何度も耳打ちされた。

下請け企業に対し執拗に部品の値下げを迫り、横柄な態度で接するシャープの悪評は、地元の関西地域ではよく知られていた。取引先を「おまえ」呼ばわりし、怒鳴り散らすのは当たり前。シャープとだけは二度と取引しないという下請けも少なくない。パナソニックに吸収された三洋電機の経営危機とは違い、地元ではシャープに対する同情論はほとんど広がっていなかった。

だから、高橋はこう心に決めていた。「会社を変えなければいけない。シャープのためではなく、人として何が大切なのかを判断基準にしなければならん」。これは社員の精神教育の大切さを説く京セラ名誉会長の稲盛和夫から借りた言葉である。

京セラとシャープは同じ関西企業であるうえ、両社とも複写機を手掛けるライバル関係でもあった。それでも複写機出身の高橋には、稲盛のビジネスに対する真っすぐな言葉が心にすとんと落ちた。それゆえ、最優先事項として「事業改革」より「風土改革」に邁進することになる。理屈や数字ではなく、まずは精神が大事ということだ。

裏返せば、社員の気持ちや考え方さえ変えることができれば、経営再建はおのずと成功すると強く信じていた。

おじいちゃんの教え

シャープの再建を担うことになった新社長の高橋とはどんな人物なのか。自らの信条について、高橋自身はこう語っている。

「僕はおじいちゃんに大切に育てられたんや。おじいちゃんの口癖は『おまえは人をだましたらあかんぞ。人にだまされるぐらいの方がええんや』。僕は教えに従って、それ以来、正直であることをモットーに生きてきたんや」

興三という名前から三男に間違えられるが、実は長男。おじいちゃん子だった興三少年は、祖父から事あるごとに前述の言葉を吹き込まれたという。子どもでも分かりやすく説いた言葉ではあるが、その後の高橋の生き方を決定づけた。

高橋は静岡大学大学院修了後、1980年4月にシャープに入社し、非中核部門の複写機の開発者として奈良工場（奈良県大和郡山市）に長く勤務した。家族は妻との間に娘が2人。自宅には仕事は極力持ち込まず、話し相手はもっぱら室内犬のモナカとウサギのメイメイ。真っすぐ家に帰りシャワーをざっと浴びた後に、安い焼酎を片手にテレビを楽しむ、典型的なサラリーマンだ。ゴルフもカラオケもしない。町田と血縁があるわけでもなく、ゴマすりで幹部に引き上げられたわけではない。開発者としてサラリーマンを終えると本人も思っていた。奈良工場時代の部下がこう語る。

「高橋さんは人柄が良くて慕われていた。部下同士がけんかをしていた時にも、『やめておけ』と、すぐに止めに入るようなタイプ。エンジニアとしても優秀でした。図面を描く際も当時は手書きですが、さっと終えて、ポケットに手を入れて社内を歩き回っていました。にせ札防止のための機能や秘密文書を読み取れなくする機能なども思いついて、自衛隊に売り込んでいました」

それでも、高橋が将来のトップ候補と言われることはほとんどなかった。複写機事業部門では、先輩に技術部門のエースで年齢の近い中山藤一がいた。中山は高橋体制で、テレビなど製品部門を統括する代表取締役専務になった。

高橋は複写機では責任者にならずに、2008年に執行役員に就任し、八尾工場（大阪府八尾市）で白物家電全般を任された。オーブンレンジ「ヘルシオ」シリーズや、独自の「プラズマクラスター」機能を搭載した空気清浄機などで売り上げを伸ばした。営業マンとして評価を上げたことで、存在感を高めることになる。

「高橋さんは分かりやすく説明でき、頼もしかった。うちの技術者のイメージを変えた」。当時をよく知る関係者は、この経歴が高橋の会社人生の転換点だったと振り返る。町田もそうした高橋の変身を評価した。10年に常務執行役員と北米事業のトップに就任し、液晶テレビ「アクオス」を売りに売りまくった。

「北米では当時、太陽電池と複写機が事業の柱でした。高橋さんは複写機の部門にいたときに海外担当を務めていたので、販売の鍵を握る北米のディーラーとの関係を強固にしました。テレビの大型化戦略も当たり、自らベストバイなどの大手量販店との交渉に当たるなど販売網を拡大させていきました」（同社幹部）

高橋は常務執行役員から突然、社長に引き立てられた奥田に比べれば、トップを担うための経験は積んでいた。それでも米国の販売会社トップから本社の副社長に呼び戻されたのは12年春だった。この年の6月に代表権がついたばかり。巨額赤字に沈んだシャープの再建に向けて社内の期待は大きくても、険しい道のりが待っていた。

液晶を知らない素人

社長就任から1カ月ほどたった7月下旬、大阪府堺市。過剰投資で経営危機を招く一因となった液晶パネルの工場でのことだ。高橋は「新生シャープ」をアピールしようと、取引先金融機関の経営トップや役員クラスを招待して特別な見学ツアーを開いたが、結果としてはうまくいかなかった。

高橋は自ら液晶パネルの工場の案内役も買って出たが、参加メンバーの1人はこう感じた。「高橋さんの経営再建にかける強い情熱は感じた。しかし、説明を聞いていると、液晶のプロだった片山さんのようにはいかない、液晶を知らない素人なのだ、ということが分かった」

見学ツアー中に高橋が最も冗舌になったのは、白物家電の海外戦略に関する話だった。シャープの命運を握ると言っていい液晶パネル工場で、自らが精通している白物家電について熱弁を振るったのだ。しかし、金融関係者が最も関心が大きいのは、連結売上高の約3割を占める液晶事業である。経営再建の鍵を握るからだ。高橋も社内外で「液晶事業を間違いなく核にしていく」と公言してきたが、具体的なてこ入れ策は示せないでいた。それでも、シャープ幹部は高橋をこう擁護した。

「片山や町田も、液晶事業で経営を誤った。事業に精通しているかどうかは、経営センスとは直接、関係ないですよ。高橋体制になってからは、前任の奥田社長時代に比べて大物ＯＢたちの横やりが入らず、意思決定が速くなった。これまでの経営者よりもずっといいです」

サムスンとの提携交渉

高橋が辻と町田という2人の大物に引導を渡した頃、来日した韓国サムスン電子の御曹司である副会長の李在鎔《イ・ジェヨン》と向かい合った。高橋の古巣である複写機事業の提携交渉だった。社長として初の大仕事になる。酒を飲み交わしながら会談が長引くなかで、高橋はこう切り出し、李を困惑させた。「サムスンがなぜ、今ごろ複写機なんかやりたがるのか分からない。これからはペーパーレスの時代で、この事業にはあまり将来性がないんですよ」。この発言は、海外での交渉経験が豊富な高橋としては駆け引きのつもりだった。

李は慶應義塾大学の大学院に留学経験があり、日本語は堪能だ。高橋とは面識があったが、複写機事業に関する突っ込んだ話をしたのは初めてだ。「それはどういうことなんですか？」。李本人は複写機事業について詳しくなく、高橋の発言の真意が理解できなかった。それでも、複写機事業を手放そうとしていた、これまでの交渉相手の片山とは違うことだけは理解できた。「高橋が何を考えているのか分からなかった」。李は関係者に打ち明けている。

シャープは片山―奥田時代から複写機事業の売却・分離を検討していた。シャープの複写機（A3サイズ）の出荷台数は世界5位で大手の一角。複写機などのビジネスソリューション部門の14年3月期の売上高は3100億円、営業利益は220億円の見込みであり、安定的収益を稼いでいた。一方で、この分野で出遅れていた資本提携するサムスンもこのドル箱事業を狙っていた。複写機事業を切り離してサムスンと事業を統合すれば、シャープは1000億円規模の資金を獲得できると見られていた。

複写機特有の事情

高橋は社内で誰よりも複写機事業に精通していた。だからこそ、この事業を外資系のサムスンに手放すことの難しさを理解し、どう軟着陸させるべきか悩みに悩んだ。主力取引銀行から自分たちで資金を集めることが求められており、自らの手で破談させることは許されなかった。シャープにとってサムスンは今や大株主であり、液晶パネルを販売する重要顧客でもある。むげに断ってサムスン経営陣を激怒させれば、シャープの経営立て直しにも甚大な悪影響を及ぼすことが目に見えていた。

複写機事業は、他の産業からはうかがい知れない複雑なビジネスモデルと言われる。キヤノンやリコーなどの日本企業が世界市場で圧倒的に強く、各社が保有する特許の相互ライセンスで成り立っている。日系企業はもちろん外資系も含めて、巨大企業であるサムスンの本格参入に対するアレルギーが強かった。

「複写機ビジネスははっきりいって古い体質です。高い利益率を維持するために、新規参入者に対しては協調して排除しようという雰囲気があります。相互ライセンスの見直しに踏み込まれれば、事業ができなくなってしまうのです。シャープの海外の販売代理店もサムスンと組むことに強く反対しており、離反する動きも見せていました」（複写機業界幹部）

サムスンへの複写機事業の売却を主導した片山らシャープの旧経営陣は、こうした事情をサムスン側にあまり伝えていなかった。李は事態を打開しようと7月5日に東京・霞ケ関の経済産業省を訪れて同省幹部と面談したが、そっけなく対応された。

「役所として民間ビジネスに介入するつもりはありませんが、特許問題は大丈夫なんですか」――。

サムスンにとり、スマートフォン「ギャラクシー」でようやく日本市場に入り込みつつある大切な時期だった。このタイミングで、産業界や経済産業省を敵に回すのは得策ではない。何よりシャープの複写機を強引に奪ったというレッテルを貼られることを恐れた。提携への熱意が徐々に冷めていくのは必然の流れだった。

高橋は何度も東京・大手町にあるみずほ銀行や三菱東京ＵＦＪ銀行の幹部のもとに足を運んで、交渉の進捗状況を丁寧に伝えた。

「状況はよくわかりました。どちらに転んでも銀行としては最後まで高橋さんを支えることを約束します」

サムスンと組んだ場合のメリットとデメリットを高橋が直接説明するにつれ、メーンバンクは事態を飲み込み、交渉の最終決定権を託すようになった。

高橋は複写機大手の首脳たちとも意見を交わしたが、「(サムスンとの合弁なんて) あり得ない」との意見がほとんどだった。高橋は安堵したかもしれない。誰も傷つかないことが大事だった。この時点でシャープのサムスンに対する複写機の売却話は事実上頓挫した。

サムスン関係者はこう憤る。「キヤノン、リコー、富士ゼロックスなど日本大手メーカーの反対が予想を超えていた。経産省にも根回しされていた。シャープの事業を取得したとしても、その先の展望が見えなかった。シャープに乗せられて買収に乗り出したが、最後にはしごを外された印象だ」

交渉に携わったシャープ関係者はこう指摘する。

「最後は時間切れで交渉が終了した。高橋の意思は最後までよく分からなかったが、それが高橋の戦略かもしれない。少なくとも複写機という収益事業を切り売りしなかったことで、高橋さんへの社内の求心力が高まったことだけは間違いない」

本音では複写機事業を手放したくなかったとされる高橋。「決めない」という決断をしたが、再建に向けた具体的な道筋はなお見えないままだった。

謎の400億円

「謎の400億円って知っとるか。俺は社員の潜在力をもっともっと引き出したいんや」。高橋は社長に就任してから社員を集めて、よくこんな話をしていた。稲盛イズムが浸透して業績が予想以上に改善した日本航空をモデルとしていた。経営破綻した日航は11年3月期に更生計画を1243億円も上回る営業利益を叩き出した。「営業利益のうち400億円は説明できない社員一人ひとりの不断の努力」と言われた。

「対症療法じゃだめなんや。社員一人ひとりの意識を変えなければ、会社の再生は絶対にない」。従業員と一緒に集合写真に入り、夜は若手社員と居酒屋で語り合う。1日で北海道と沖縄の事業所を回り、2500キロメートルを移動したこともある。

「意識改革だけで会社は本当に良くなるのか」。一部の社員からは高橋の稲盛イズムへの信奉ぶりに疑問を呈する声もあったが、高橋は大まじめだった。「経営幹部の意識改革が何よりも必要。自らが手本になるべきだ」。ただ、高橋は風に恵まれた。業績が予想以上に好転したのだ。

「なんで暗いんですか」

「社内計画を上回り、回復基調に入った。最終黒字の達成に向けて進んでいきたい」。13年8月1日、高橋が社長に就任して初めての決算記者会見が東京都内で開かれた。13年4−6月期の連結営業利益が30億円の黒字（前年同期は941億円の赤字）になった。

当初は100億円前後の赤字と見ていたが、液晶事業の赤字が大幅に縮小し、太陽電池や複写機などが堅調だったことが奏功した。4−6月期は大型商戦がなく、家電が中心のシャープは苦戦が予想されていただけに、市場関係者の予想を良い意味で裏切った。

「高橋さん、（黒字に転換したのに）どうしてそんなに表情が暗いんですか」——。会見場では記者からこんな質問で、どっと笑いが起きた。それでも高橋は表情を緩めない。手元に用意された原稿を見ながら型通りの受け答えに終始した。高橋は内心でこう思っていた。「スキを見せたら社員に緩みが出るやろ」

綱渡りの公募増資

シャープにとっての課題は、やはり財務体質の改善だった。自己資本比率は13年3月末時点で6％。前年12月末（9・6％）から低下し、製造業で健全とされる20〜30％の水準を大きく下回り、危機的な状況に変わりはなかった。

リストラで実現できたのは旧堺工場の切り離しや設備投資の削減にとどまっており、懸案の海外のテレビ工場売却などの資産売却は遅々として進まなかった。経営の安定に欠かせない1000億〜2000億円規模の資本増強のめども立っていなかった。社債発行やこれ以上の銀行借り入れができないなかで、残された選択肢は公募増資しかなかった。

高橋ら経営陣は、8月になると公募増資の準備に邁進することになる。液晶パネルの巨額投資の失敗という負の遺産処理にめどをつけ、ようやく黒字が定着しつつある同社にとって資本増強は最大の懸案だった。それは簡単な話ではない。金融関係者はこう打ち明けた。

「シャープにとってこのころ2000億円程度のまとまったお金が必要でした。われわれ

図表4-1　自己資本比率40%から下落

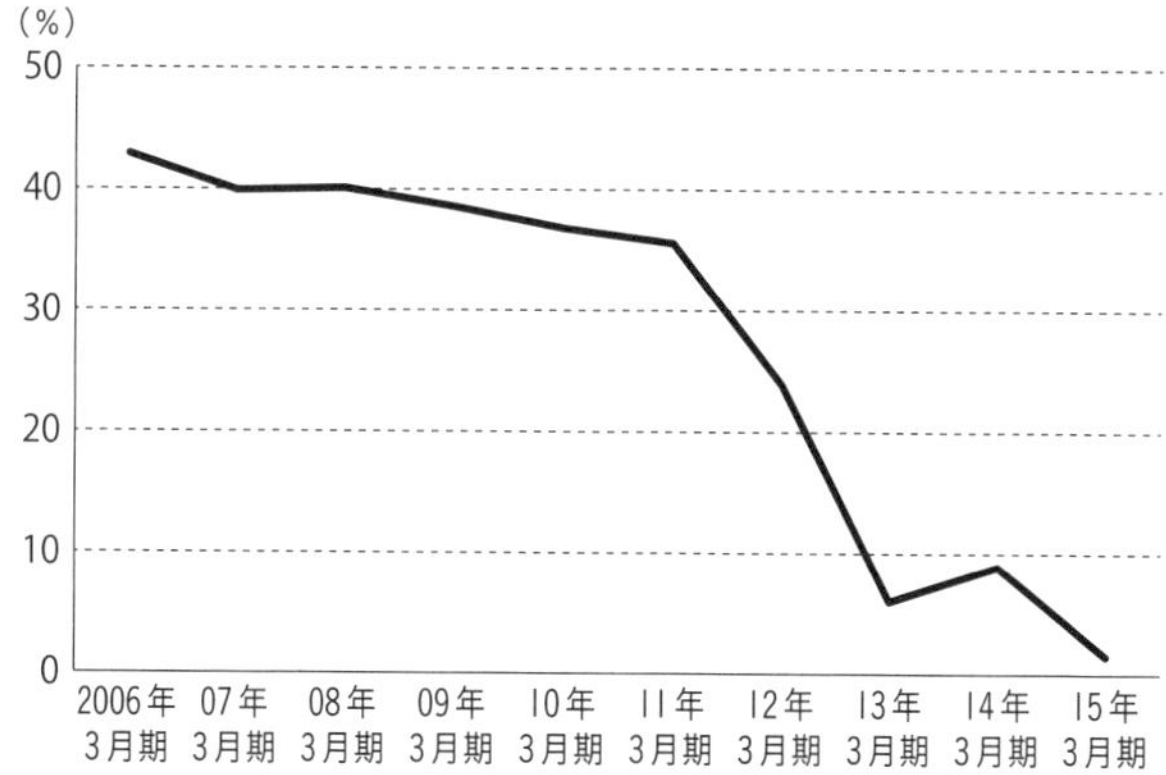

から見ると、シャープは楽観視していました。業績が回復しているのだから増資の環境が整ってきたと。しかし、(将来の具体的な成長戦略のようなエクイティストーリーがないのに本当に増資が実現するのかどうか。まったく楽観できない状況でした」

9月初旬、東京・大手町。高橋と財務統括の大西は主力行や主幹事証券会社を相次ぎ訪問した。例年よりも残暑が長引くなか、少し歩くだけで大粒の汗が流れた。約1カ月前に固まった9月18日の増資発表というスケジュールを確実にするための行脚だったが、訪問先の対応はつれなかった。「実施が正式に決まったら報告します」。いつもは陽気で多弁な高橋も疲労の色が濃くなるばかりだった。

当初想定した増資発表日は8月21日。だが、その直前にサムスン電子との複写機事業の合弁会社設立計画が破談になった。サムスンから約1000億円の資金を調達し、増資に弾みをつける算段が崩れ、増資の決定時期を11月に先送りする案も真剣に検討された。

東京五輪が神風

遅れた原因はそればかりではない。シャープは13年4―6月期決算で30億円の営業利益を計上した。貢献したのは太陽電池や白物家電などで、主力の液晶は95億円の営業赤字だった。液晶パネルを生産する亀山第2工場では、13年春、約7割にとどまっていた稼働率が3月にサムスンと資本業務提携を結んで以降、少しずつ上がり、夏場にはフル稼働に達した。

しかし薄型テレビの世界市場は成長鈍化が見込まれ、パネルの相場は悪化していた。収益はなかなか上がる環境にない。「液晶パネル事業がおぼつかないなかで大型増資が実行できるのか」というのが、一部の証券会社の見方だった。

思わぬ追い風が吹いたのは、9月に入ってからだった。8日早朝（日本時間）に決まった、20年の東京五輪開催による株式相場の上昇だ。「今しかない」。関係者は色めき立ち、一斉に動き出した。主力行は「大量の新株を市場でさばける環境になった」と主張し、最後まで慎重姿勢を崩さなかった証券会社を説得。９月11日、主幹事証券会社すべての社内審査を通過し、増資が事実上決まった。別の金融関係者が興奮気味に語る。

「東京五輪の決定がなければ、証券会社は首を縦に振らなかったでしょう。関係者は五輪決定のシーンをテレビで見て小躍りしていましたよ。シャープにとって神風が吹いたんです。高橋さんは持ってる人だなって話題になりましたよ」

シャープは９月18日、公募増資と第三者割当増資を実施すると発表した。公募増資は１４８９億円、第三者割当増資は１７５億円。合計で１７００億円弱になる見通しだった。

全事業が黒字化

「液晶事業が劇的に改善し、全体の収益改善に貢献した」。13年10月31日に都内で開かれた13年度上期の決算説明会で、高橋はこう胸を張った。経営不振の元凶だった液晶事業は86億円の営業黒字（前年同期は１１５５億円の赤字）となり、２年ぶりに黒字転換した。

6事業部門すべてが黒字となった。

11月12日に、最大の懸案だった総額1365億円の資本増強も完了した。シャープは公募増資などで1191億円、第三者割当増資でマキタ、LIXILグループ、デンソーから合計173億円を調達した。発表後の株価下落で調達額は当初計画より300億円下回ったものの、「最低ラインはクリアした」(同社幹部)。大型増資を行ったために債務超過に陥ってしまうという最悪の事態は回避できた。

ワイガヤで伏魔殿解体

「高橋さんが社長になった後で、なかなか面白いなあと思ったのは、ホンダのような『(経営幹部の)大部屋制』を導入したことではないでしょうか。うちの場合は役員陣が活発に議論するというより、それぞれの部屋にいると、何をしているのか、と疑心暗鬼になる。まあ、ほめられた話ではないですが、壁をなくしたのはよかった」

増資という懸案をクリアした高橋が次に手掛けたのは、経営幹部が1つの部屋で執務する大部屋制だ。14年1月、伏魔殿とも呼ばれた本社2階の役員の個室を原則廃止し、大部屋で高橋や大西、銀行出身の役員のほか、秘書や経営企画の社員ら約40人が一つ席を並べた。

シャープは会社が大きくなるにつれ縦割り意識が強まり、部門ごとにたこつぼ化し、液晶事業への過剰投資を止められなかった。高橋は、経営が軌道に乗ってきたとするタイミングで温めていた大部屋制度を導入した。

大部屋制度の元祖と言えば、ホンダだ。役員たちがベンチャー企業のように活発に議論して意思決定するのは「ワイガヤ」と呼ばれ、世界有数の自動車メーカーに飛躍した。日本航空や東京電力など経営再建を着実に進めたい有力企業でも導入の動きが広がっていた。

「高橋さんは日本航空会長の稲盛さんを強く意識しています。日航で取り入れたことは何でも取り入れようとしていました。何より、高橋さんは社長室にいると情報が入ってこないと言って、役員フロアにはあまり近寄らず、別フロアにある副社長時代の執務室を主に使っていました。これまで役員個室ですべてが決まっていた古い体質がようやくなくなるんだと、社員は歓迎しました」（幹部社員）

14年1月6日の新年記者会見で高橋は、「一時の危ない段階から一歩上に上がれた。14年度は再成長のステージになる」と笑顔を見せた。新たに制定した社員の規範となる「行動変革宣言カード」には、「文化を変える」から「良い文化を創る」と自らの筆で書き込んだ。強力なリーダーシップで「けったいな文化」の改革が順調に進んでいることへの自信の表れだった。

「もう負け組ではない」

業績も急速に回復しつつあった。14年2月4日に発表した13年4―12月期の連結最終損益は177億円の黒字（前年同期は4243億円の赤字）になった。主力の液晶を含む全6事業が2四半期連続で営業黒字を確保。14年3月期通期の営業損益見通しを、1000億円の黒字（前期は1462億円の赤字）に200億円上方修正した。

特別損失の発生などで最終損益はわずか50億円だったが、営業利益が1千億円の大台に回復したのは6年ぶりだった。テレビ用の液晶パネルの利益はほぼゼロだったが、利幅の厚いスマートフォンなど中小型液晶へのシフトを進める戦略が奏功していた。

電機大手8社の13年4―12月期連結純利益は、ソニーが111億円、富士通が23億円。NECに至っては150億円の赤字に転落した。177億円のシャープは5番目の水準だった。「電機の負け組はソニー。富士通やＮＥＣよりもいい。うちはもう負け組でないんだ」という声が社員たちの間からも出ていた。12年４月から続いていた給与カットも３月末で打ち切ることが固まった。業績不振に歯止めがかかり、社員にもシャープの復活を信じる声が広がっていた。

１０００年企業？

高橋は14年４月１日、本社で開かれた入社式でこう語った。「この厳しいときに、シャープに入社する決断をした皆さんの強い気持ちに感謝します。14年度は大きな成長と飛躍を遂げていけると確信している。皆さんには限りない可能性がある。次の２００年、３００年、１０００年続いていくのだと思っている」

14年３月期は、その前の期に実施した人員削減などのリストラ効果が寄与して最終的に黒字に転換する見通しとなっていた。高橋はシャープの未来に自信を見せていた。「ロボットや医療など新規事業で種をまいている。そういうものが商品として出てきて、新たなビジネスモデルを作っていく」。

全国に100以上ある事業所を行脚し、現場の社員との距離も縮まった。高橋が現場を熱心に回ったのも、社員が自分の意見を持ち、それをぶつけられるようにしたいためだった。上司を役職ではなく「さん」付けで呼ぶ運動も始めた。

高橋は自身にカリスマ性がないことも、会社の本流でないことも分かっていた。だからこそ「社員が一歩一歩を進んでいくために、モチベーションを高めることが社長の役割だ。経営者が、オレが、オレがとなると、また同じ失敗をする」とわきまえた。

しかし、シャープ社内では業績が回復すれば危機感がどうしても緩んでしまう。ある40歳代の中堅社員は、12年の早期退職で辞めた元従業員が工場でまた働いているのを見て驚いたという。「最悪期を脱したように見え、普通の会社のような雰囲気が流れていた」

第5章

受け継げない創業精神

シャープ社長の高橋興三は2013年5月14日、自らの就任記者会見で「創業精神以外はすべてを変える」と強調した。それは創業精神という原点に回帰して抜本的な経営の立て直しに取り組む宣言だった。だが、それは非常に難しいことだ。第4代社長の町田勝彦の時代からは創業者の思いを裏切るような経営判断が繰り返され、シャープは輝きを失っていった。創業精神はねじ曲げられ、踏みにじられたと嘆く声も多い。

シャープの創業精神は、2人の経営者によって会社の遺伝子として深く刻み込まれたものだ。創業者の早川徳次（1893～1980年）と、2代目社長であり「中興の祖」である佐伯旭（1917～2010年）だ。

技術者として夢を追い、社員を家族のように大切にした早川。経理の専門家だった佐伯は29歳で取締役に就任し、実質的な社長として早川の理想を経営のなかで実践していった。親子ほど年齢の違う2人は、ホンダの創業者である本田宗一郎と藤沢武夫のような名コンビだった。有力OBらの証言を交えながら、シャープの創業精神と、それが失われていった経緯を解き明かしてみたい。

液晶は亀山で最後

「天皇」と呼ばれた佐伯は、１９７０年に社長に就任した。第二次世界大戦後の混乱で経営危機に陥ったときから経営のかじ取りを任され、60年代からの急成長を実現する英断をいくつも下した。強固な財務体質を築くなど堅実経営を貫きながら、自由闊達な風土を組織の中に作り上げたという意味では最大の功労者だ。

86年に就任した第３代社長の辻晴雄は佐伯の娘婿の実兄であり、第４代社長の町田は長女の娘婿である。オーナー企業でないにもかかわらず姻戚関係にある２人を社長に据えられたのは、佐伯に圧倒的な実績と人望があったからだ。そんな佐伯は年老いてからも会社の行く末を心配していた。ある有力ＯＢはこんなエピソードを明かす。

「２００２年のことだったと思います。もう80歳代半ばだった佐伯さんが会社に来られて、こう言うんです。『液晶への大型投資は亀山で最後にしてほしい。うちは身の丈に合った経営をしていかないと……。このままでは大変なことになる』。遺言のような感じでしたが、それが当時の経営者に省みられることはなかった」

02年といえば、その前年に液晶テレビ「アクオス」が発売され、大ヒットしていた時期だ。社長だった町田は液晶技術を強みに「家電の王様」であるテレビで世界の一流メーカーになるという野心を燃やし、三重県亀山市に大型工場の建設を始めていた。

この時点ではテレビ用液晶パネルを量産した三重工場にも総額5500億円も投じていた。亀山工場の建設を危惧する声も多かった。佐伯が「亀山を最後」と言い残したのは、液晶という一つの製品に際限なく経営資源をつぎ込むことへの不安からだったのだろう。

もちろん、亀山工場建設を決めた町田本人も、著書『オンリーワンは創意である』（文春新書）の中で不安な心情を吐露している。

「（亀山工場への）投資は千五百億円から、二千億円にまでふくらんだ。シャープの二〇〇三年度の売上高が約二兆三千億円。投資額は最終的に三千五百億円となったが、その時点ですでに、売上のほぼ一〇パーセントを投資していたことになる。（中略）亀山工場がうまく立ち上がらなければ、これまでの投資は無駄になる――そう考えると眠れない日々が続いた。睡眠不足で疲労はたまるいっぽうだった」

町田は、亀山工場の建設を進めていた03年夏から04年1月にかけての半年間が、社長在任中の9年間で「もっともつらくて緊張した」としていた。

だが、亀山工場で生産する高品質な液晶パネルが消費者から評価され、アクオスの販売が急拡大したことで、液晶の拡大戦略がエスカレートすることになる。「亀山で最後に」という佐伯の言葉は完全に忘れ去られて、堺工場の建設プロジェクトは動き出し、巨額の負債を背負うことになった。

元副社長の証言

「佐伯さんがもう少し長く元気でいてくれたら、シャープは今のようにひどいことにはならなかった」――。１９５５年に入社し、電卓など世界初の製品を数多く開発した元副社長の浅田篤はこう振り返る。浅田は、創業者の早川や佐伯から直接薫陶を受けた最後の世代だ。

佐伯は経理の専門家らしい堅実さを発揮して経営した。財務体質は第二次世界大戦後の一時期を除けば健全で、無借金経営が続いていた。「設備投資はキャッシュフローの中で済ませ、売上高の１割を超えないというのが基本的なルールだった」と元幹部は話す。90年代前半の自己資本比率は50％ほどもあった。佐伯が長年、財務に厳しく目を光らせてきたからだ。浅田は佐伯の人柄を語る。

「佐伯さんとは昔からお客さんとの接待ゴルフによくご一緒したものです。佐伯さんのゴルフは人柄をよく表していて本当に堅実です。ドライバーで150ヤード程度しか飛ばさないが、とにかく真っすぐに打つ。『そんなに手堅いゴルフは面白いですか』と聞いたら、こう諭された。『浅田君、ゴルフと経営は同じだ。力任せでどこに飛ぶか分からないようなことをしてはだめなんだ』と。佐伯さんらしい」

消えた自由闊達さ

佐伯の堅実経営は、財務を安定させて将来への憂いを少なくし、自由闊達に新しい技術に挑める舞台を整えるためだった。「自由闊達」というのはシャープの代名詞だったが、最近10年で失われていった。ヒット商品も数えるほどしか出ていない。ある有力OBはこう指摘する。

「(第3代社長の)辻さんは約束を破ると怒るけど、失敗したことには文句を言わない。だから、辻さんのころまでは自由だったのです。町田さんは文句を言うやつは許さないから、雰囲気が変わっていった。液晶テレビで成功したために勘違いしたのか、『（会社として）一流意識を持つように』などと言い出しました。これでは以前のように冒険はできません」

シャープは、米電気電子学会（ＩＥＥＥ）から技術分野の歴史的な業績をたたえる「ＩＥＥＥマイルストーン」に３つの製品が選ばれている。電卓、太陽電池と14インチの液晶モニターだ。３度も受賞するのは日本企業として初めての快挙だ。

この３つの製品の開発にも佐伯が深く関わっている。電卓などを開発したのは、60年に大阪市阿倍野区の本社に開設した中央研究所だ。浅田ら若手の飲み会での話を佐伯が聞きつけて決断した。浅田が経緯を語る。

次期社長に内定した町田勝彦（左）と
辻晴雄社長（98年５月）
写真提供：日本経済新聞社

世界初の電卓開発

「58年暮れごろから若手を中心に飲みながら、新しい技術をやろうと言い出しました。ある日、それを聞きつけた専務だった佐伯さんに呼ばれました。3、4人の仲間で半導体などの新技術を説明したら、すぐに中央研究所をつくることが決まりました。当時はテレビの開発が忙しく、徹夜続きでした。うちの部長がすごく怒った。『専務に何を言うてくれたんや。この忙しいのに研究所やないやろ』とね」

佐伯は全社で100人に過ぎない技術者のうち、浅田ら20人を研究所へ移し、半導体や計算機などの開発に没頭させた。浅田がリーダーとして担当したのが電卓だ。電卓の開発では、大阪大学の工学部の教授に顧問になってもらった。

佐伯は教授へのあいさつで、「うちみたいな会社は一般大衆が相手です。八百屋さんの奥さんが使えるような計算機を作れるように指導してもらいたい」とお願いした。この教授は、「会社の経営者はとんでもないことを言うな」と驚いた。

当時は、米IBMなどが計算機を日本でも発売しており、1台数億円もした。だが、シャープの製品ではその価格だと売れるはずがない。64年に開発された電卓は重さ25キロで、販売価格は53万5000円。当時の価格で自動車並みにしたことで、まずまずの売れ行きとなり、開発費も回収できた。中央研究所は設備も十分に整っていなかったが、若手への権限委譲で太陽電池の開発も進んだ。

「千里より天理」

佐伯にとって最大の決断とされるのが、70年に奈良県天理市で建設した「総合開発センター」だった。LSI（大規模集積回路）の工場と中央研究所、人材教育センターを置いた。当時の資本金は105億円だったが、総合開発センターには75億円を投じた。世界最先端とも言える研究設備を整え、技術者が自由闊達に開発に没頭できる体制を整えた。「身の丈の経営」を信条とする佐伯だが、天理がシャープの未来を支えることを信じ、大型投資に踏み切った。あまりに負担が大きかったため、大阪・千里で開かれた日本万国博覧会への出展は断念した。シャープの歴史では「千里より天理」といわれる英断だった。

もちろん、「地元で開かれる大阪万博に不参加でいいのか」という意見は社内でも根強かった。佐伯は周囲をこう説得した。「貴重な資金は、長期的な利用が可能な施設に振り向ける方が経営にとって有意義である」。電卓は競合他社が相次ぎ参入して収益が悪化しており、巻き返しにはキーデバイスである半導体の技術を強化するしかなかった。

『シャープ「液晶敗戦」の教訓』（実務教育出版）を著した中田行彦は、シャープに社名が変わった翌年の71年に入社。現在は立命館アジア太平洋大学教授である。半導体の研究を希望して天理の研究所に配属された当時をこう振り返る。

「天理は大学のように自由な場所でした。毎月の報告会では上司に当たる係長も、部下の私の研究を把握していなかったぐらいです。研究所の玄関に『造物主の声を聞け』という文言が飾られたと記憶しています。何かを開発するときには自然の道理に従えということなのでしょう。独特な雰囲気がありました」

経営者をだませ

天理の研究所は、佐伯が期待したように、シャープにとって最大の強みとなる液晶技術の開発で大きな成果を積み上げていく。もともと、液晶は元副社長の佐々木正が電卓の表示装置として目をつけたものである。73年4月に世界初の液晶電卓を発売する計画は「734プロジェクト」と名付けられ、浅田が全体を統括した。

発売された電卓は、ボタンを押してからの反応スピードが遅く、数字が少し遅れてふわっと出てくる。販売店からは「お化け電卓や」と不気味がられたが、単3乾電池1本で

１００時間も使える省エネ性は驚異的であり、大ヒット商品となった。社長の佐伯も「いいものを作ったなあ」と手放しで喜んだ。

天理の研究所は液晶技術の研究を続けた。86年には14インチの液晶モニターを発表した。前述の米電気電子学会（ＩＥＥＥ）が表彰した製品の一つである。液晶電卓の頃から、開発は失敗を繰り返し、赤字が膨れ上がってきた。それでも開発チームは14インチのモニターでモニター部分に絵を入れた試作品を首脳陣に見せて、「こんなものができますよ」と説得していた。液晶開発メンバーの１人はこう語る。

「シャープの技術者は経営者をだましてこそ本物だと言われた。経営者は夢に飢えています。技術者が伝えるには頭の中にあることを話してもだめです。経営者をだましてでも、お金と人をもらわないと、革新的な技術を形にできません」。これもシャープの自由闊達さを物語るエピソードである。

破られた不文律

創業精神として消えたものの一つは、早川が実践した「家族主義経営」だろう。元副社長の浅田は、入社した55年のころの早川の姿をこう振り返る。

「創業者の早川さんは温厚な方で、社員が誕生日を迎えると社長室に呼び、自ら紅白まんじゅうを手渡されました。新年の挨拶も本社の一角にあった早川の自宅に伺います。早川さんはお酒が好きだったので、社員にも天狗の面を形取った杯に御神酒を注ぐ。鼻の部分にお酒を入れるから飲まないと置けないんです。社員を家族のように大切にされていた」

早川は第2次世界大戦後に経営危機に陥った時に、銀行から求められた人員削減を拒否した。「社員が財産だ」と口で言うだけでなく、実際に行動を起こしたのである。この経緯は、前述の町田の著書『オンリーワンは創意である』に詳しい。少し長いが、重要なので引用する。

「早川氏は、『かわいい社員のクビを切ってまで、会社を存続させられない。社長を辞し、会社は解散する』と言い出された。(中略)こうした社長の熱い思いを知った従業員から『なんとしても会社を残そう』という声が沸き起こった。一九五〇年九月、組合員の手で自主退職者が募られ、組合長から全従業員数の約三五パーセントにあたる二百人余の希望退職者を申し出た。創業以来、たった一度きりの大リストラだった。その出来事を教訓に、シャープは『二度と人員整理をしない』という不文律が生まれた」

町田は98年に社長就任したとき、消費不況で業績が悪化しており余剰人員の削減を検討したが、思いとどまったという。それは早川の教えに従ったからだ。

「シャープとはどんな会社なのかと自問したとき、はっと気がついた。『他社にマネされる独創的な商品をつくる』のが創業以来のシャープの遺伝子であり、企業風土ではなかったか。（中略）シャープには、時間をかけて培った風土があるからこそ、独創性のある技術を育てることができるのだ。では、その風土はいったいだれがつくるのか。会社で働いている従業員だ。ところが、経験豊富な人間がリストラによって会社を去れば、積み重ねてきたものはゼロだ。人が風土をつくり、風土によって再び人間が醸成され、独自性のある商品が生み出される――このサイクルこそが『オンリーワン』を生む真髄だったのである」

町田は著書を出した２００８年時点では本当にそう信じていたのだろうが、この不文律は簡単に破られることになった。自らが強力に進めた液晶戦略が失敗し、後継社長の片山幹雄との人事抗争で経営が迷走し、多くの従業員が路頭に迷うことになった。創業者の家族主義経営は過去のものとなった。浮かばれないのは社員たちだった。

まねさせない技術

シャープペンシルなど数多くの製品を発明した創業者の早川には有名な教えがあり、その一つが「模倣される商品を作れ」だった。これもシャープの経営陣に誤解され、会社を傾かせた要因になっている。

早川はよくこう語っていた。「まねされる商品を作らないとアカンといつも言っている。まねをしてくれるから進歩する。人が宣伝してくれて売れる。私が作ったものは誰でもできるようになっている。これができないというものはあまりない」

早川の真意は、他社が模倣するような革新的な技術を生み出すことだけでなく、特許でも技術は守り切れないので、次々に新しい製品に挑むことの大切さだった。自著『私の考え方』（浪速社）にもこうある。

「模倣となると特許が一応さまたげになるが、特許でおさえたつもりでも、すき間がいくつでもあるものだ。どうしても必要な部分だけ特許料を払えば大てい簡単にマネられる。マネが競争を生み、技術を上げ、社会の発展になっていく。ただ先発メーカーは常にあとから追いかけられているわけだから、すぐに次を考えなければならぬし、勉強を怠ってはならない。（中略）更によりすぐれたものを研究することになるわけで、模倣されることも、結局は自分のところの発展に役立つと私は考えるのである」

早川は世界初、国産初の製品を次々に生み出した。他社に模倣されることを気にせず、次の製品の開発に没頭する。それが「勝利の方程式」だった。

早川は12年、18歳の若さで東京都江東区に金属加工会社を設立した。15年にはシャープペンシルを発明して特許を取得した。23年の関東大震災で工場と家族を失う。再起を期して大阪で工場を構えた。25年には国産初の鉱石ラジオを製品化する。持ち前の金属加工の技術を使い部品を忠実に再現した。輸入品の半額以下だったことから大ヒットした。ラジオには「ＳＨＡＲＰ」のブランドを付けた。その後もテレビなど新製品の開発を進めていった。１つ成功したからといって、その製品に固執して次に進まないのでは経営が成り立たないというのが、創業者の考え方である。

オンリーワンの失敗

シャープの経営危機はもともと、液晶技術を囲い込めるという思い込みにある。2004年に稼働した亀山工場では「技術をブラックボックスにする」としていた。材料や装置などの取引先からの情報流出を防ごうとしたのだが、うまくいくはずもなかった。液晶で成功したのなら、その次を目指すべきだったが、あまりにも過剰投資を行い、余裕がなくなった。

町田の経営哲学は「ナンバーワンよりオンリーワン」だ。講演会では「自社の強みを把握して磨きをかける。横を見て経営すると自分を見失う」として、液晶の拡大路線を正当化した。だが、その判断によって高い代償を支払うことになった。

アクオスの成功で経営陣には慢心がはびこった。挑戦者としての謙虚さが消えてしまった。5代社長の片山の有名な言葉は「液晶の次も液晶です」だ。これが早川ならば、液晶の次は液晶ではないと考えただろう。

しかも、亀山工場が稼働して「世界の亀山モデル」としてもてはやされた05年には、業界の盟主気取りになっていた。「電機業界のパーティーでは乾杯の音頭や中締めの挨拶を頼まれるようになりました。以前はあり得なかったんですがね。それが続くと、指名されて当たり前のようになってきました。町田さんらも勘違いするわけです」（有力ＯＢ）

液晶の春は長くは続かなかった。堺工場の建設が決まった07年ごろには、韓国大手メーカーなども高品質の液晶テレビの開発で追撃してきた。

別のＯＢはこう指摘する。「液晶の技術を独占しようと思うことが無理だった。（経営悪化の大きな原因となった）堺工場も、他社から『出資するから、一緒にやって優先的に供給してください』と言われてもソニー以外は全部断ってしまった。単独で身の丈を超えた巨額投資をして、危機的な状況に陥った。オンリーワンではなく、ロンリーワンになって自滅したということでしょう」

目の付けどころもシャープじゃない

シャープが消費者目線のヒット商品を連発したのは、１９８６年に3代目社長の辻が就任した後だった。「目の付けどころがシャープ」というのがキャッチフレーズだったが、この強さも失われている。経営危機により独創的な家電商品を生み出す余裕が現場から消えてしまったからだ。

シャープが競合他社をあっと驚かせる商品を出したのは、辻が専務時代に設立した「生活ソフトセンター」の存在が大きい。生活ソフトセンターは天理の研究所にあり、全体の人員の3割程度が女性という、当時としては極めてユニークなものだった。同センターに在籍したことがある元幹部は言う。

「センターでは男女平等が徹底され、自由に意見を言い合う雰囲気を何よりも大切にしていました。机の配置も特殊でした。自分の机の前に横向きの机が並べられ、目の前に横を向いた同僚が座る配置です。机4台が1つの固まりとなり、上から見ると手裏剣のような形をしている。常に目の前に同僚が見え、コミュニケーションを促す狙いがあったのでしょう」

生活ソフトセンターは91年に生活ソフト企画本部に昇格し、社内での位置付けも大きくなるなか、世界初の商品がいくつも生まれている。その1つが電子レンジとオーブントースターを1台にした「オーブンレンジ」だ。2台を1台にすることでスペースを減らし、解凍から焼き上げまでが簡単にできる。女性の社会進出が進むことで、家事にかかる時間を減らしたいというニーズをとらえたものだ。

業界初となる左右両開きの冷蔵庫もここから生まれた。台所の間取りを気にせずに置ける画期的な冷蔵庫は、同センターに所属する技術者の妻のブローチがヒントになって、右からでも左からでも開けられる機構の開発につながった。

辻は「すべての商品に液晶を」と宣言し、ワープロや電子システム手帳などの製品に次々と液晶が搭載されることになる。その中で、撮影した動画をビデオカメラの大きな液晶ですぐに見られる「液晶ビューカム」（１９９２年発売）は大ヒット商品になった。

だが、辻時代の後期には消費者ニーズを何より最優先して商品を開発するという良さがなくなっていたという。ある液晶事業の元幹部は語る。

「シャープは天理や三重に液晶工場を建てたことで、液晶の生産能力が増えすぎて、自分たちで使わざるを得なくなりました。液晶ビューカムのようなヒットが生まれたのは事実です。しかし冷蔵庫に液晶を付けるなど、あらゆる商品に液晶を搭載するという戦略には明らかに無理がありました。液晶をさばききれなかったから無理やり商品側に押しつける。それでは売れる商品にはなりません」。目のつけどころがシャープさという強さが消えていったのである。

社長の高橋は創業精神以外すべてを変えて、経営を立て直すと強調してきた。だが、早川の有名な言葉を胸のポケットに入れて持ち歩き、社員たちに訓示しても、なかなか通じないのではないか。シャープの社員たちの多くは、会社を傾かせたのが町田以降の経営陣の判断ミスと不毛な抗争のせいだと痛感しているからだ。結局、しわ寄せされたのは現場で汗を流している普通の社員たちだった。

語り継げても受け継げない経営

ノンフィクション作家、佐藤正明は、著書『ホンダ神話　教祖のなき後で』(文春文庫)のエピローグで、イトーヨーカ堂（現セブン&アイ・ホールディングス）の創業者である伊藤雅俊の言葉を引用している。創業者の経営は「狂気」であり、「語り継げても受け継げない」と。華々しい創業者の活躍は簡単に語れても、実際に経営として再現することはほとんど不可能である、という意味だ。

シャープが創業精神を原動力に再建を目指すというのは、簡単ではない。そもそも、創業精神は一人ひとりの社員の胸に刻まれ、日々実行に移されていくものだが、経営者への不信や不満がマグマのようにたまった社員たちにそれを求めるのは酷な話だろう。シャープの危機を招いたのは、経営者たちが創業精神という最大の財産を失うまでその大切さに気づかなかったことにあるのではないか。

第6章

危機再燃で内紛勃発

場当たり発言

2014年12月27日、本社2階の役員室で、高橋興三はがっくりと肩を落とした。「本当に赤字なのか」――。毎週土曜日に開かれる定例の幹部会議で、財務部門から初めて届けられた15年3月通期の見通し。記された資料には出席した幹部の誰も想定していない衝撃的な数字が並んでいた。この見積もりが間違いないなら、シャープの経営再建は振り出しに戻るどころか、会社が存続できるかどうかの瀬戸際にまで一気に追い込まれたことになる。それを裏付けるように資料にはこう繰り返し記されている。

「業績下落に伴う両行の姿勢の変化を防ぐ」「継続的な支援の行内決裁手続き開始に道筋をつける」。再建が順調に進んでいるかのようにみられていたシャープが突然、赤字に転落するとなれば、信用不安も再燃しかねない。まずは当面の資金を何としても手当てするためにメーンバンクの支援継続を最優先に取り付けるということだ。この文言は資料を作った財務部門からの「悲鳴」であり、すべての幹部への「警告」でもある。

シャープは12年3月期と13年3月期の2年間で、9000億円を超える巨額の最終赤字を計上した。そのどん底から這い上がり、14年3月期には3年ぶりの黒字転換を果たした。国内の産業界を見回しても「アベノミクス」などの恩恵で過去最高益になる企業も相次いでおり、不振企業のリストラも一段落したところだった。それが突然の赤字になるとは、大規模な人員削減などこの3年間やってきた文字通りの身を切る改革が無意味になったことと同義だ。

「シャープ、赤字転落、15年3月期最終、テレビなど不振」。15年1月19日、日本経済新聞朝刊が報じたニュースに、みずほ銀行、三菱東京UFJ銀行という2つの主力取引先金融機関の行内は騒然とした。もちろん、首脳陣らは前もって聞かされていたが、多くの銀行幹部はシャープの現状を知らなかった。

「それならなぜ、高橋はあんな発言をしていたのか」。シャープ社内も蜂の巣を突ついたような騒ぎとなり、高橋への不

赤字転落見通しを発表する高橋社長（15年2月）
写真提供：日本経済新聞社

信が一挙に噴出した。

わずか2週間前、1月5日に開かれた年明け恒例の記者懇談会で、シャープ社長の高橋は「液晶の事業環境は良く、需要は旺盛だ。いい方向であることは間違いない」と自信を口にしたばかりだった。高橋には場当たり的な発言も目立つが、会社を背負うトップとして言ってしまったということでも許されないものだった。

的中した警鐘

「われわれを取り巻く環境は急激に悪化しています。1事業部のわずかな綻びが全社に影響しかねない『薄氷』と言える状況です。社内で『綱引き』をしている余裕などありません。今、私は『改革疲れ』や『先祖返り』を強く懸念しています。少しでも『われわれは危機を乗り越えた』と思っている人がいたら、直ちに考えを改めてください」

高橋は14年10月1日、社員に向けて改革の手綱を緩めないようメッセージを送っていた。14年3月期に続いて、14年4─6月期も黒字を確保した。不振の企業が決算短信などに経営の先行きに関する懸念を記す文言もシャープは2年ぶりに消した。その反面、高橋から

図表6-1　2015年3月期は営業赤字に

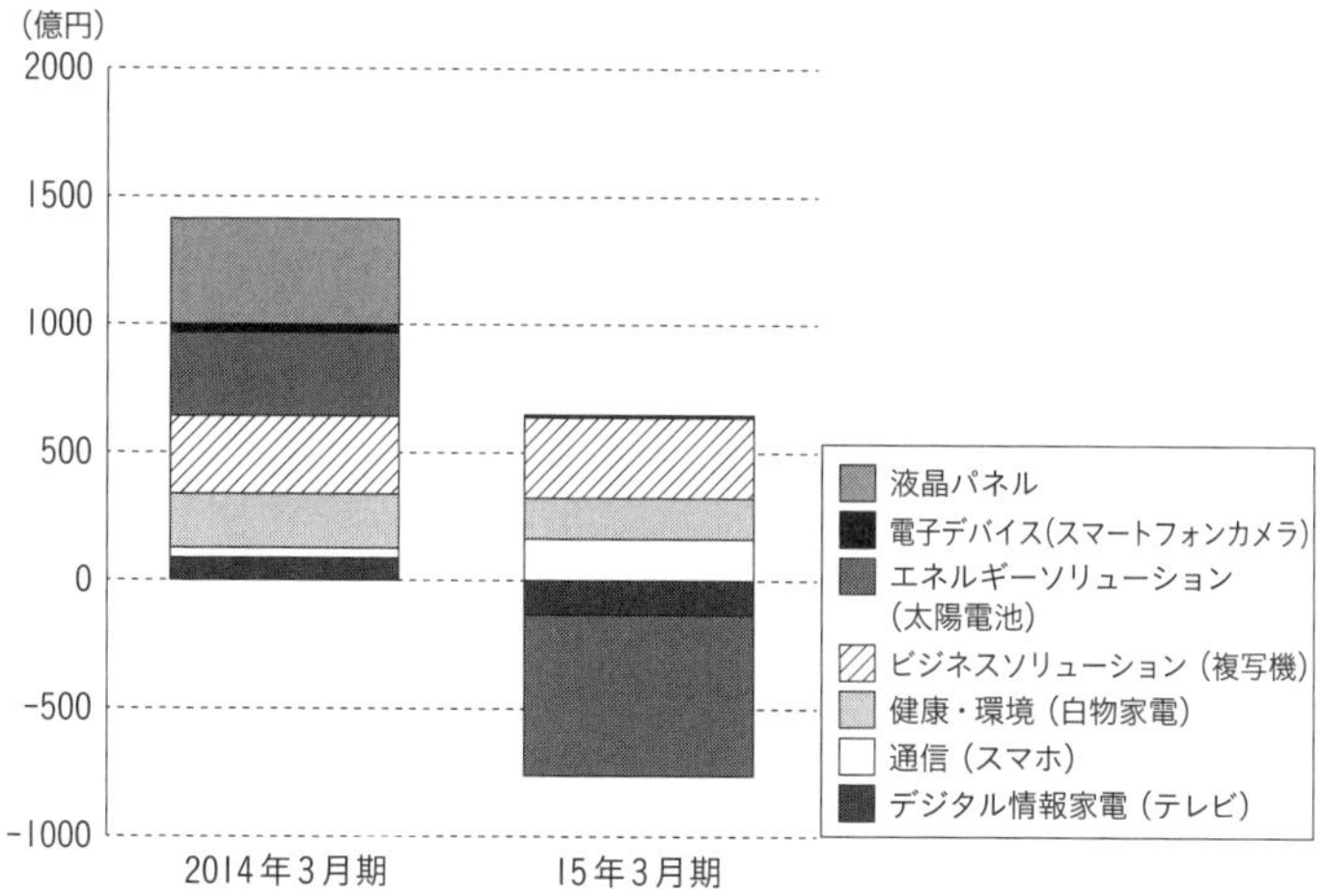

注：(　) 内は主な製品

図表6-2　シャープの事業別の売上高（2015年3月期）

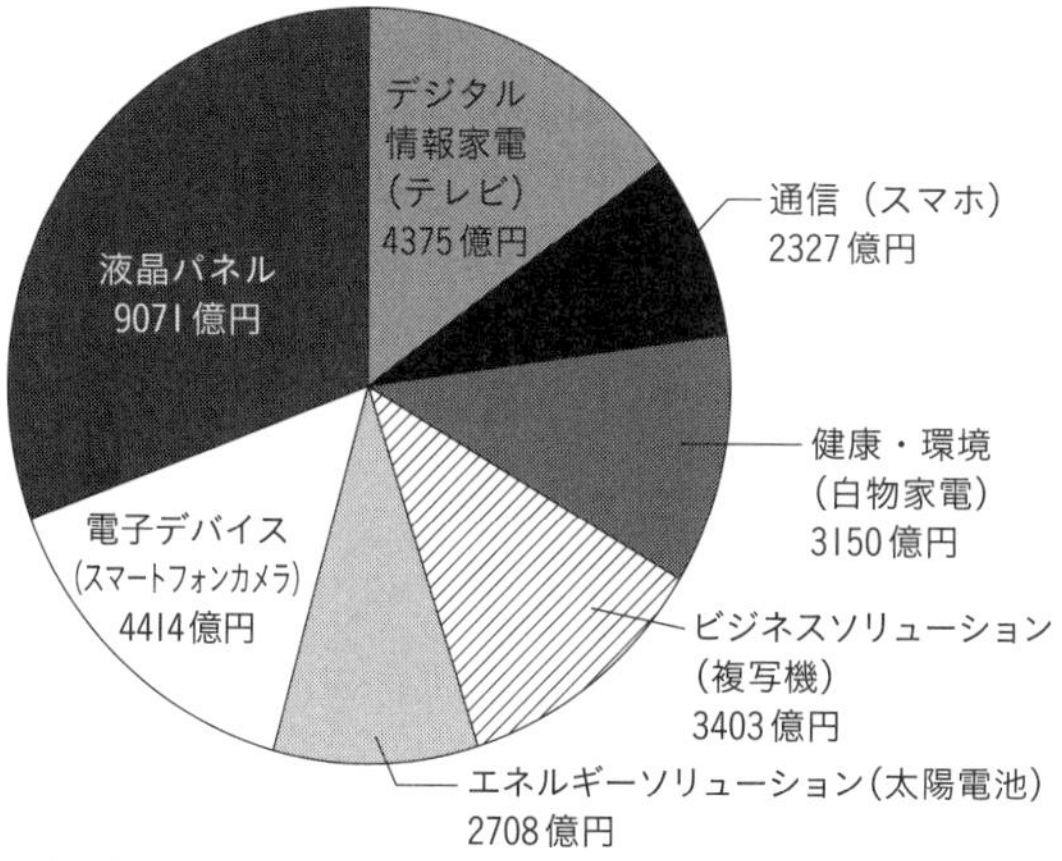

注：(　) 内は主な製品

は、社員から急速に危機意識が薄くなっていくようにみえた。高橋のこの警鐘はその後、3カ月で「赤字転落の見通し」という形で現実のものになった。

赤字の最大の原因はまたしても液晶パネル事業だった。11月から、主戦場の中国市場でスマートフォン向け中小型パネルの販売が急速に落ち込み、全体の収益を大きく押し下げた。

高橋の側近の幹部はこう分析する。

「高橋さんは液晶のことが分からなかった。特に、14年秋以降、液晶がみるみる悪くなっていたところをトップとして把握できなかった。それは高橋さんの責任だと思います。自分に近い人間を亀山に送りましたが、その人も液晶は素人だったんです。結局、液晶を統括する専務の方志（教和）さんの情報を信じすぎたんですよ。液晶が一番の不安であれば、自分で亀山に乗り込めばいいんですけど、そうしなかった。『大丈夫、大丈夫、まだまだ挽回できる』と方志さんもそう思ったし、高橋さんもああいう性格だから厳しく追及しなかった。いや、できなかった。当事者意識がなかったんですよ。誰も。それで危機が再燃するんですから自業自得です」

銀行派遣役員の憂鬱

赤字に転落しかねない見通しを聞かされて真っ青になったのは、銀行から派遣された役員も同じだった。12月末の会議以降、みずほ銀行出身の橋本明博はいつも以上に寡黙になり、三菱東京ＵＦＪ銀行出身の橋本仁宏は流ちょうな話しぶりが影を潜めた。２人の肩書はシャープの取締役。前回12年の危機後に新たに設けられたメーンバンク出身者の役員ポストだ。

銀行からの出向ではなく転籍だが、それぞれの出身銀行にシャープの経営状況を報告したりするいわばメーンバンクの「お目付け役」を担う。シャープが主力２行の営業担当幹部らに事業状況を説明する「モニタリング会議」でも、「これからは回復に向かう」と前向きな情報を伝えていた。

「今回、残念ながら年末から第４四半期に向けて、予期しない展開になった。ただ、シャープの経営陣も赤字発覚の直前まで状況は把握できなかったと聞いています」。ため息交じりにこう話したのは、三菱東京ＵＦＪ銀行頭取の平野信行だ。

平野の口ぶりからは、会社の在りようとして主力事業が上向いているか下を向いているかの状況を幹部が把握できないことへのいらだちも感じられた。平野は「今後は経営をもにし、モニタリングをする必要がある」とも述べ、シャープの急激な業績変化をリアルタイムに把握できなかった自戒を込めて、経営への監視を強める必要性を強調した。

表と裏の数字

巨額の資金を貸し付けてシャープの生殺与奪の権限を持つ主力取引銀行でさえ、経営の実態をうかがい知れないことが白日の下にさらされた。シャープの本社中枢でさえ、各事業部の業績を把握することは極めて難しいとされ、こんな言葉が語られている。

「シャープには表と裏の2つの数字がある」。強力な経営トップが長く君臨したため、責任追及を恐れる事業部が情報を部内に隠し持つ風土を揶揄する言葉だ。

悪い情報は上げないのはもちろん、良い情報も自らの手元に隠し持つ。毎年の四半期ごとに業績という数字を報告させた本社が、各事業部に対してさらなる積み上げを要求すると、「思ったよりも簡単に利益が増えることもあった」（財務部門幹部）とも言われる。

高橋が社長に就任して以降、本社の経理兼経営企画トップとして圧倒的な権限を有していた副社長の大西徹夫でも、正確な財務情報をタイムリーに把握することは難しかったという。

高橋は会社に染みついた隠蔽体質を、過度に上司におもねることと合わせて「けったいな文化」と呼んだ。だが、社長に就任して2年近く、高橋はこうした風土改革「だけ」に腐心していたが、いかに精神主義を極めようとも、経営危機が再び襲ったことで自らの手腕がいかに拙かったかということが有無を言わさず明確になった。

高橋は14年12月中旬、記者との懇親会の席上で目下の経営課題についてこう語った。「現場の社員の『熱意』と『やる気』を生かすことが、経営者の仕事です。『チャレンジ精神』があれば、たとえ失敗しても必ず後に続いていくと思います」。ただ、深刻な業績不振に陥った今や、こんな悠長なことも言っていられる場合ではなくなった。メーンバンクの支持を早急に取りまとめなければ、シャープの未来は全く描けない。楽観的な高橋も厳しい現実に引き戻された。

主力2行の継続支援

14年12月末の幹部会議の時点では、15年3月期の連結営業利益は当初予想の1000億円から500億円に半減し、黒字予想だった最終損益が200億円の赤字に転落するとみられていた。突如の赤字転落をメーンバンクに対してどう説明するのか——。幹部の誰もが頭を悩ませた。

シャープの財務体質は危機的な水準にある。自己資本比率は10％を下回り、有利子負債が1兆円規模だ。主力2行から全面的な支援を受けていることで、シャープは何とか成り立っていた。メーンバンクの継続支援がなければ、経営再建など夢のまた夢となる。

「新開発の液晶パネルで巻き返す」という筋書きを描けた前回12年の危機時とは違い、今回は打つ手が乏しい。まさに、土俵際に追い込まれることになった。

ある社員が語る。「残念なことだが、経営幹部らの間で『保身』という足の引っ張り合いが激しくなった」。「沈みゆくタイタニック号の中で椅子取りゲームをやっている」と言われた三洋電機の悲喜劇が、シャープでも繰り返されることになる。

「無理せんでええよ」

「あんまり無理せんでもいいですよ。売り上げの計上を前倒しをする必要はありませんから」。15年1月上旬。シャープの経理担当幹部らが亀山工場など液晶事業の主力拠点を訪れ、こう声を掛けていた。

14年秋以降、中国で販売が低迷した液晶事業は、全社の業績の足を引っ張る主な要因になっていた。液晶事業トップで専務の方志はそれ以来、「なんとしても売って乗り切れ。死ぬ気で頑張れ」とハッパをかけていた。冒頭の声掛けを、液晶担当のある社員が振り返る。「それはもう、プレッシャーから解放されてすうっと気持ちが楽になりますよ」

持病である腰痛の手術のため年末から年始にかけて入院していた方志には、財務部門の動きは知らされていなかった。財務統括の副社長、大西の手綱を緩める指示が行き渡ったこともあり、15年1―3月期シャープの液晶の売上高は300億～500億円ほど下振れしたとされる。本来であれば巻き返しが必要な時期に、なぜ大西は手綱を緩めるような判断を下したのか。ある幹部がこう言う。

「大西さんは、仮に15年3月期が最終赤字となっても、主力2行からの金融支援で乗り切れると踏んでいた。シャープはメーンバンクから2年前、経営再建を名目に支援を受けている。出資を判断した銀行首脳の多くは首脳陣に残っていた。シャープが立ちゆかなくなれば貸し手の責任が問われ、あっちも困ったことになりますから」。しかも、主力2行はシャープに取締役まで派遣して経営を監視している。銀行との交渉役だった大西は、主力2行が支援に協力することを見透かしていた。

液晶事業の分離論

再建策作りは、銀行から派遣された2人の橋本が中心となってメーンバンクが主導権を握った。主力2行は15年1月から再建計画策定チームに現場スタッフも派遣していた。主力行の1つである三菱東京UFJ銀行には、体力のないシャープが浮き沈みの激しい液晶事業をこれ以上持ち続けるのは無理だとする意見が強かった。ある幹部は「液晶の切り離しが支援継続の条件だと言われた」と明かす。

一般的に、多額の特別損失をあらかじめ計上して対象事業の評価額を下げておけば、将来の事業売却がやりやすくなる。
15年3月期にシャープは液晶パネル生産設備の減損や在庫の処理などで1000億円以上の損失を計上し、翌年の液晶事業の固定費などを前年に比べて400億円近くも引き下げた。一見、単なる会計上の処理に見えるが、実はシャープの本丸である液晶パネル事業の切り離しに向けた準備が、裏ではひそかに進んでいた。

陰の社長、大西

シャープ側で再建策作りにおける重要な存在は、実力副社長の大西だ。生まれ年は高橋と同じだが、入社では1年先輩に当たる。79年にシャープに入り、主に経理畑を歩んできた。長年、無借金経営を続けてきたシャープにおいて、経理は主流部門の一つだ。03年に経理のトップである本部長となった大西は、町田勝彦や片山幹雄が社長だったときも、数字のすべてを知り尽くす「金庫番」として会社の中枢にいた。

その経理一筋ともいえる大西が一度、事業部を任されたことがある。10年、太陽電池事業のトップになった。町田ら最高幹部からすれば、大西の真の実力を試す意味があった。

しかし、ここで赤字を出した大西は翌年、欧州・中東欧本部の副本部長として英国に出される。「数字にめっぽう強く、頭がいい。話の組み立てもうまい。ただ、ビジネスの実績はない」。社内外で共通する大西への見方だ。

液晶への巨額投資が失敗に終わり、経営が苦しくなったシャープにとって、メーンバンクと渡り合える大西は欠かせない存在だった。欧州に赴任してわずか1年後、12年に会社が経営危機に陥ると、大西は本社に呼び戻された。同年4月に再び経理のトップとなり経営再建の最前線に立つ。メーンバンクにとって、大西こそが最も手強い相手だった。ある銀行関係者が言う。「話は通じるのだが、うまくはぐらかされる。事業売却など銀行が推し進めたい構造改革は思うように進まなかった」

大西を巡る、ある逸話がある。13年に、韓国サムスン電子と進めていた複写機事業の売却をシャープがはしごを外して頓挫させたときも、大西はタフ・ネゴシエーターぶりを発揮した。サムスン側は「資本提携したときの約束と違うじゃないか。なぜ売らないんだ」と激しく反発したが、大西は平然と言って席を蹴った。「無理なもんは無理や。仕方ないやんか」

シャープと付き合いが深い投資銀行の幹部はこう話す。「高橋体制になってからのシャープ経営陣で、経営戦略の話ができるのは大西さんだけだった。ほかの人には何を言っても理解してもらえなかった」。社内でも大西は別格だった。経営陣における序列こそ、社長の高橋、副社長の水嶋繁光の次だったが、高橋は重要な案件をすべて大西に託した。「陰の社長」――そう呼ばれた大西が実質的に会社を動かしていた。

アップルと交渉

例えば、スマホ向けの液晶パネルをつくる亀山第１工場の契約問題で、アップルとの交渉に臨んだのも大西だ。もともとテレビ向けパネル工場だったのを、12年にｉＰｈｏｎｅ向け専用拠点に転換した。投資額は１０００億円ほどで、そのうち半分をアップルが負担した。この際にシャープは、アップル以外には亀山第１で作ったパネルを売らないことを約束した。

アップルの出した条件は厳しかった。たとえ、アップル側の事情でパネルの受注量を減らしても、工場の稼働率低下による赤字発生リスクはシャープ側が負うという「不平等条約」だった。当初はそれほど大きな問題とされなかったが、13年１―３月期には生産がほぼゼロになる。シャープは自分でコントロールできない赤字リスクと同居することとなった。

この契約を解消するための協議は当初、液晶部門が担当していた。液晶パネルの生産設備買い戻し案など複数のプランがあったが、圧倒的な購買力を背景としたアップルの交渉の手強さは並大抵のものではなかった。

話がまったく進展しない様子を見て、大西が言った。「そんなん、オレがやったるわ。1年でなんとかするから任せとき」。もちろん、大西が交渉しても時間がかかったが、一部の条件が緩和されて15年から他社にも売れるようになった。

大西を外せ

大西はいつも分厚い手帳を2冊持ち歩き、会議中にメモしていた。どこに何を書いたのかをきっちりと把握しているのが緻密な大西らしい。ある中堅社員が話す。「事業戦略でお金がかかるときは大西さんの了承を得なければならない。どんな質問が飛んでくるか分からないから、怖いなんてもんじゃないですよ」。大抵の場合、大西は「よく分からんわ」

と却下した。事業部では「大西の壁」をいかに乗り越えるかが課題となった。

大西は高橋の盟友だが、すべて一枚岩というわけではない。事業部の意欲の積み上げが会社の業績につながると考える高橋は、大西の突出ぶりが社内を萎縮させないか危惧していた。ただ、高橋は数字に弱く、財務への理解に乏しい。そのため大西には何も強く言えなかった。

15年1月、赤字への再転落が明らかとなった後、メーンバンクは赤字の発覚よりも、早い段階でメディアに情報が漏れたことを問題視した。その際、マスコミ対応の責任者で、かつ数字にも詳しい大西に一方的に責任を押しつけ、その後の経営再建計画作りから外した。大西は代表取締役副社長であるにもかかわらず、2月以降、主要な会議への出席を許されなかった。

そこで大西が社内で精を出したのは、「犯人捜し」だった。役員や各事業の幹部に携帯電話の履歴を提出させ、記者とやりとりした事実がないかを調べたほどだ。だが、対象者は1人も見つからなかった。「銀行は、ずっと邪魔だった大西を外す口実を探していたようだ」。そんな見方があったが、大西が経営の最前線を離れたことで、銀行主導で再建策作りが一気に進むことになる。

ハゲタカも見向きもせず

高橋ら経営陣は主力2行との協議とともに、資金集めでスポンサー探しに奔走した。国内証券会社などを通して投資ファンドからの資金調達を試みたが、「ハゲタカファンドからも相手にされなかった」（同社幹部）。ある証券関係者は言う。「シャープはジャンクと呼ばれる投資不適格な企業と同列の評価だった。破綻したときのリスクが危険すぎて、誰も真剣に投資を考えようとしなかった」

それでも1つだけ例外はあった。高度な液晶パネルの生産技術の取り込みを狙う、台湾の鴻海精密工業だ。

シャープは鴻海と12年に一度、シャープ本体への出資で合意している。ただ、その後にシャープの株価が急落したことで、鴻海トップの郭台銘（テリー・ゴウ）が条件の大幅見直しを求めてこの話は流れた。その際、シャープの経営への関与を深めようとした郭にいいように振り回されたことが、シャープ経営陣にはトラウマとして残っていた。

2月15日、その郭が神奈川県川崎市の日本電産の基礎技術研究所を訪れた。案内したのは、会長兼社長の永守重信。永守の隣にはシャープ元社長から日本電産副会長に転じた片山がいた。

郭にとって片山は、12年の提携交渉を巡って交渉を繰り広げた因縁の相手だ。硬い表情を崩さない片山を横目に、郭はこう言い放った。「永守さん、私がシャープを買収したら、片山さんを社長にするよ」

経済誌「週刊東洋経済」のインタビューで3月に郭はこう語っている。

「私は今でも本体に出資をしたいと考えています。ただし経営に参画できることが前提です。おカネを出すだけなら銀行と違いがない。子どもに単にお小遣いをあげるのではなくて、将来、自分で食べていけるように魚の釣り方を教えてあげたいということです」

鴻海関係者が話す。「テリーは2年前からずっとシャープに片想いしていたんですよ。でも、シャープからもメーンバンクからも相手にしてもらえなかった」

アップルからのスマートフォンの受託生産が最大の収益源である鴻海にとって、シャープの幅広い技術は「宝の山」に見えた。特にスマートフォン向けの中小型液晶パネルは今後の成長性が高い。

中小型液晶を「虎の子」とするシャープの経営陣は、堺市で共同運営する大型液晶工場以外の用件でテリーと交渉しようとしなかった。「テリーと組むと何から何まで根こそぎ持っていかれる。銀行に頼れるのなら、危険は冒さない方がいい」。それがシャープ幹部の本音だった。

「高橋さん以外は辞めてもらう」

高橋は3月5日、資本支援を要請するため主力2行の審査担当役員を訪ねた。当初、高橋が求めたのは1500億円の資本支援だった。その場で再建策が手ぬるいと批判されると、翌週の13日に高橋は銀行から派遣されたスタッフとともに作った再建計画を持参し、再び銀行を訪れた。

再建計画では、シャープの経営が回復するには15年3月期と16年3月期で計3200億円の損失処理をして身軽にする必要がある、とした上で、不採算の米国テレビ事業からの撤退、太陽電池事業の縮小、国内外での5000人規模の人員削減などのリストラ計画を示した。情報漏れを警戒して「MARE」というコードネームをつけた3000人規模の希望退職を国内で募集する覚悟も表明し、銀行に納得してもらおうとした。資本支援の要

図表6-3　再建策

2015年5月に発表した再建計画の骨子

みずほ銀行と三菱東京UFJ銀行の主力2行と、投資ファンドからの資本増強（総額2250億円）
10月1日付で社内カンパニー制を導入。液晶、電子デバイス、コンシューマー家電など事業ごとに権限と責任を明確化
国内で3500人規模の希望退職を実施。固定費削減を狙う。15年9月に約3200人が退社
給与削減など人件費の削減。夏と冬のボーナスも1カ月分に
不動産など資産の売却。15年9月に本社ビルなどの売却先が決定
北中米のテレビ事業の構造改革。15年7月に中国の家電大手にメキシコ工場などを売却決定

主力取引金融機関などと協議しながら盛り込まなかった主なリストラ案

連結売上高の3分の1を占める液晶事業を分社化して他社からの出資を受け入れ
電子部品などを生産する広島の三原工場や福山第1～第3工場の閉鎖
液晶テレビの主力生産拠点である栃木工場の閉鎖

請額は２０００億円に膨らんでいた。

メーンバンクからの返答は厳しいものだった。「経営再建策には誰が見ても分かる『目玉』が必要です。太陽電池からの完全撤退はきちんと表明するべきではないでしょうか。その際、シャープ本体が債務超過になってもやむを得ないでしょう」。

一方で、銀行幹部の

一人はこんな指摘もした。「高橋さんはいいのですが、ほかの代表取締役の方々の経営責任は明確にしてもらわないと困りますね」――。

金融機関幹部は当時の流れを振り返ってこう話す。「主力2行が恐れていたのはシャープが開き直ることだった。万が一、民事再生法など法的整理の道を選ばれれば、銀行にとっては大きな痛手になる。多額の債務の回収ができず、責任が問われるからだ。だから、扱いやすい高橋さんには残っていただくのが都合よかった。神輿は軽い方がいい」。高橋にとっても自らの首がつながる提案ゆえ、断る理由などなかった。

さらに翌週の3月19日も、高橋は「銀行詣で」のため東京に出向いた。ここで新たに示したのは、従業員の賞与カットなど経費削減策の上積みだけだった。銀行は「まだ甘い」と突き返したものの、かたくなに高橋を追いつめるような態度に出ることはなかった。

前回の交渉で指摘された「太陽電池からの完全撤退」を実現しようとすれば、原料であるシリコンの調達契約や生産設備の償却などで巨額の損失計上が必要となりかねない。ここまでの荒療治が無理なことは、銀行も理解していた。

本社ビルも売却

売却が決まったシャープ本社のビル
写真提供：日本経済新聞社

銀行側は最後まで高橋に支援協力の確約を与えず、「きちんとした再建計画が支援継続の条件だ」と突き放した。高橋は、銀行の要求を次々と呑んでいった。4月16日の会合で、高橋は大阪市阿倍野区の本社ビルの売却を含めた再建計画を初めて提示した。「本社を売るなら」。銀行からも大筋で承認され、ようやく2000億円超の資本支援にたどりついた。

みずほフィナンシャルグループ社長の佐藤康博は交渉の中で、「シャープとは信頼関係を築いてきている」と感じていた。みずほ銀行は50年以上前からシャープと取引のあった旧富士銀行の流れをくむが、「シャープは液晶事業の成功で会社が大きくなると周囲の声に耳を傾けなくなっていた」（金融関係者）という。

「今回の再建計画は、今まで立ち遅れてきた成長戦略、差別化戦略をはっきりとさせた。やめるものはやめる、取捨選択がされてきた。高度な技術力を持ちながら投資余力が制限されていたが、今回、重荷がとれた。これからは戦略分野に思い切った投資ができる」。佐藤はシャープがメーンバンクからの資本支援を発表した5月中旬に開いた記者会見でそう話した。

「銀行のいいなりばかりだ」

シャープと主力2行の交渉の過程で、収益改善に向けたリストラ策がマスコミをにぎわした。3月20日にはシャープが3000人規模の希望退職を検討していることなどが報じられた。高橋は同日夕方、浮足立つ社内を抑えるためか、国内の事業所を結んだ緊急の社内放送を実施した。

「われわれは銀行支援がなければやっていけない状態ではありません」「メディアに惑わされないようにして、報道を信じないで会社を信じてください」「社員それぞれが意識を持って取り組めば、会社は元に戻れるはずです」

これには多くの社員の不満が一挙に噴出した。「結局は銀行のいいなりになるんだろう。その場しのぎのことを言うな」

薄氷の人事案内諾

「社外役員の皆さん、30分ほどお時間をいただいてもよろしいでしょうか」。４月23日、シャープ本社。この日の定例取締役会はいつもと違っていた。経営再建策に関する突っ込んだ議論もなく、会議が終わるやいなや、高橋が人払いをして３人の社外取締役だけを残したのだ。高橋と社外取締役らはその後、１時間以上も話し込んでいた。

翌24日、高橋は東京にいた。主力取引先のみずほ銀行と三菱東京ＵＦＪ銀行の幹部を訪ね、「人事案」の内諾を得るためだった。２行が高橋に出していた条件は、「高橋以外の代表取締役の責任を明確にすること」だった。

高橋の腹案はこうだった。副社長の水嶋は代表権を返上するものの、会長として中枢に残り、大西は副社長の地位を維持する。その一方で、実務を仕切ってきた２人の専務、液晶などを統括する方志と家電担当の中山藤一は退任する。

銀行側もこれに大きな異議を唱えず、ほぼ高橋が構想した人事で固まった。高橋が前日に社外取締役を集めたのは、人事案に反対しないよう根回しするためだった。15年3月期決算発表当日の5月14日朝、取締役会はスムーズに進行した。もし社外取締役の一人でも異を唱えれば、議論は長引き、経営陣に内紛が生じる可能性も出てくる。そうすれば、高橋も無傷ではいられない。

高橋と大西、水嶋のトップスリーは、社内では「仲良し3人組」と冷ややかに見られてきた。経営危機の再燃でも3人は結束した。中山と方志は業績不振の責任で退任させる。一方、水嶋は電機メーカーの業界団体である電子情報技術産業協会（ＪＥＩＴＡ）の会長に就任する。大西は取締役は外れるものの方志が率いていた液晶事業部門の構造改革担当副社長に就いた。

片山の後を継いで液晶事業を引っ張ってきた方志の退任は、シャープの経営再建でも痛手になるとされた。液晶事業部では方志の残留を求める声が多かった。

もともと半導体の技術者だった方志は、上司にずけずけともの申す珍しいタイプだ。町田の社長時代、役員になりたての方志は町田に直言して逆鱗に触れ、子会社に飛ばされたことがある。方志を本社に引き戻したのは片山だった。方志は11年に電子部品などの統括として返り咲き、13年に専務となった。

大西は14年11月から中国での液晶パネルの販売が苦戦したことについて、方志ら液晶部門の幹部の責任を激しく追及した。デバイスビジネス戦略室長を務めた梅本常明もその一人だ。１９９０年代から液晶事業に携わってきた梅本は、国内外に豊富な人脈を持っていた。15年３月初め、方志は高橋と２人で食事をしていた際、「梅本君は少し休んだ方がいい」と突然告げられた。「液晶部門以外への異動」という辞令を告げられた梅本は同３月末、辞表を提出した。

テレビ本部長も辞表

14年12月末。テレビの主力生産拠点の栃木工場（栃木県矢板市）で騒動は起こった。テレビを担当する執行役員の毛利雅之が、視察に訪れた副社長の水嶋ににじり寄った。「お願いです。堺工場以外から液晶パネルを購入させてください」。水嶋は「それは無理や。うちの事業モデルは垂直統合やろ」と首を横に振った。毛利はあきらめなかった。１時間以上も説得を試みたが、水嶋はそれ以上、相手にしなかった。

価格競争の厳しいテレビは事業として採算性に乏しく、毛利は自分が責任をとらされることを悟っていた。だからこそ、自社グループで内製するパネルがテレビ事業の利益構造を歪めていることを率直に訴えた。鴻海と共同運営する堺工場の液晶パネルは生産量の半分ずつそれぞれが購入し、顧客企業に売りさばく契約だ。シャープが残したパネルの多くが栃木に送られ、「アクオス」に使われる。

シャープの大型パネルが技術力で他社を圧倒していたときは、これがテレビの競争力の源泉になった。ただ、今や中国勢や台湾勢が格安で作るテレビ向けのパネルも性能は遜色がない。しかも堺のパネルは対外的な価格に比べて割高という。「なぜわざわざ高いパネルを使わなければならないのか。テレビ事業を黒字化させるにはパネルの外部購入が必須なのではないか」。テレビ事業の責任者である毛利の意見は、栃木工場の意見でもあった。

水嶋が帰った数日後、高橋も栃木工場を訪れた。高橋も水嶋と同じで聞く耳をもたなかった。2月3日に配られた「人事異動のお知らせ」と題した資料には、2月28日付での毛利の執行役員退任が事実だけ短く書かれていた。絶望した毛利は辞表をたたきつけて会社を去り、かねて自分の能力を買ってくれていた片山のいる日本電産に転職した。

毛利の人事が発表されてすぐ、グループ会社幹部らの携帯電話が鳴った。電話の向こうで怒りの声を上げていたのは町田だった。「なんで毛利だけが辞めなあかんのや。トカゲのしっぽ切りで済む話か。責任は高橋にとらせろ」。毛利は町田時代に経営企画室長など要職を経験した若手エースであり、将来を嘱望された経営者候補の一人だった。

ある幹部がこう指摘する。「高橋さんは社長就任1年目に上を切り、3年目に下を切った。結局、残ったのは自分たちだけだ」。13年の社長就任後、高橋が真っ先に手掛けたのは社長経験者の辻晴雄、町田、片山を経営から外すことだった。そして、経営危機に再び陥ると、方志や毛利ら事業部門の幹部に詰め腹を切らせた。

創業者、早川徳次がつくった同社の「経営信条」にはこうある。「和は力なり、共に信じて結束を」。ある社員は吐き捨てた。「会社が大変なのに、内輪もめしている場合か」

「組合もたいへんや」

5月1日の大阪市は晴天だった。大阪城公園にある「太陽の広場」で連合大阪が主催した労働者の祭典「大阪地方メーデー」には、約4万人が集結した。挨拶に立った連合大阪会長の山崎弦一（パナソニック労組出身）はこう声を張り上げた。「皆さん、お疲れ様です。2年続けて前年を上回る回答水準ですよ」

「よ〜し！」「いいぞー！」。あちこちで組合員らの声が上がる。ただ、会場の片隅に、熱気から取り残された集団がいた。約20人のシャープ労組だ。パナソニックに吸収された三洋電機でも、会社名を記したのぼりの周辺に100人ほどが集まっていた。「シャープさんは組合もたいへんやな」。周囲からは同情の声が飛んだ。

この15年春、シャープ労組は賃金交渉どころではなかった。白物家電の主力拠点である八尾工場に勤務する30代の男性社員は、同僚から退職を知らせるメールを受けた。「頑張ってきたのだが、残念だ」。12年の希望退職時も対象とならなかった、40歳代前半より若い有望株から、会社を見限っていった。仲間が会社から去る姿はもはや日常の風景だった。

シャープは5月14日、18年3月期を最終年とする3カ年の中期経営計画を正式に発表した。15年3月期の赤字転落のためこれまでの中計を打ち切って新しく策定した新中計の中身は、3000人規模の国内での希望退職の募集や社員の給与カットなどが柱だ。

高橋が経営立て直しに向けた「抜本的な対策」と記者会見で言い切った同社の再建計画の内容は、現場の社員に痛みを強いるものばかりだった。

大阪市内の本社の大会議室には同日、高橋の記者会見を生中継で見るために、３００人を超える社員が集まっていた。「私の率直な言葉を聞いて『会社を再生させる』という気持ちを社員のみんなに持ってほしい」。あえて社員に記者会見を公開した高橋はこう期待を込めた。だが、逆効果に終わった。

シャープの再建策で新規性があるのは、社内カンパニーぐらいだ。５月の再建策の発表前、社内カンパニーのトップ候補を集めた高橋はこう熱弁を振るった。「皆さんはこれから社長になります。社長は責任があるので、赤字を出したら当然、辞めてもらうことになります」。ある幹部は苦笑いを浮かべた。「今回の大赤字の責任をとろうとしない高橋さんにだけは言われたくない」

連合主催のメーデーにシャープののぼりも（15年5月）写真提供：日本経済新聞社

中小企業になる？

再建計画の策定段階で社内外を唖然とさせたことの1つは、金融機関が助言した資本金1億円という99％超の大減資だ。資本金が1億円以下になると、税制上「中小企業」とみなされて優遇措置を受けることができるが、あるOBは「あまりに下品だ」と顔をしかめた。大企業による異例の大幅減資に経済産業相が「違和感がある」と指摘し、大騒動になったのだ。最終的には5億円への減資に落ち着いたが、「シャープ、中小企業化を断念」とあちこちから冷やかされた。

創業者の早川が1923年に東京から大阪に拠点を移し、「早川金属工業研究所」を設立して以来同じ場所だった阿倍野区の本社の売却も再建策に明記された。決して一等地にあるとはいえない本社の売却や大幅減資は、経営改善にそれほど効果のある施策ではない。なりふり構わず何でもやっているという社外へのアピールの部分が大きい。ただ、愛着のある本社を失うことが会社の「魂」を抜かれるのと同様に、シャープ社員の士気をさらに低下させた。

再建計画発表の記者会見で経営危機を招いた自らの責任について問われると、高橋はこう答えた。「私がつくった新しい計画をやりきることが、私の責任と考えています」。最初は熱気があった本社大会議室のムードは急速に冷めていった。途中で席を立つ社員もいた。会見後、会社を後にする社員らは肩を落とした。社員は異口同音につぶやいた。

「銀行の言いなりになって、大量に社員を切って、自分だけは残る。こんな人の下ではもうやってられない」

「ばかにされた気がした」

新たに策定された再建計画を受け、メーンバンクはシャープに貸し付ける有利子負債のうち2000億円分を事実上損切りし、その代わりに2000億円の優先株を取得した。これは債務を株式に振り替える「デット・エクイティ・スワップ（DES）」と呼ばれる手法で、銀行の経営への関与をさらに強めることになった。シャープは連結での債務超過を免れ、一息ついた。ただ、これはさらなる嵐の始まりに過ぎなかった。

再建策発表から4日後の5月18日、全事業所に高橋のビデオメッセージが流された。「瞬

図表6-4　有利子負債

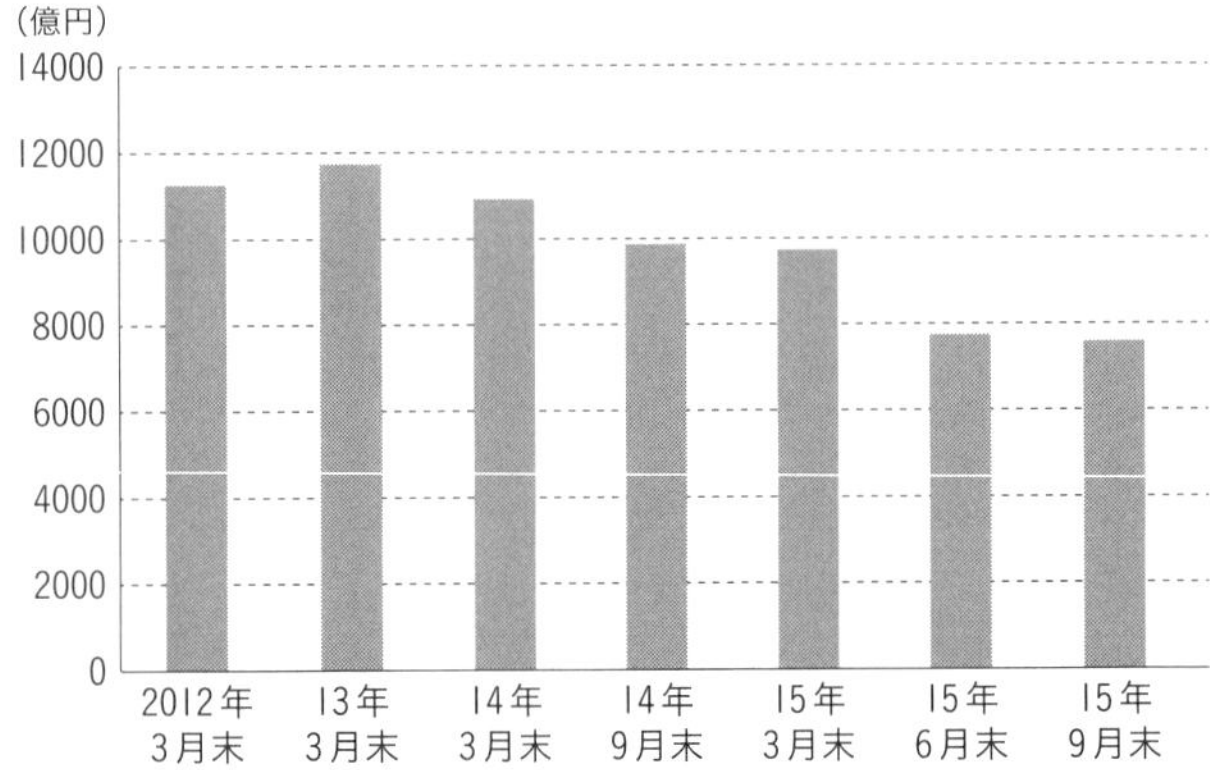

発力、対応力が十分でなかったことが中期計画未達の理由だが、シャープらしいものづくりが本物になっていない」「目の付けどころを発揮できるのがシャープの強みだ」「新たな人事制度を導入し、（成果が出なければ）降格もある厳しい組織にしていく」。

高橋はトップでありながら「僕はビジョンを決めない」と言い続けてきた。「自分が言うと周囲が萎縮してしまうから」という理由だ。ただ、高橋が風土改革という名の精神主義にばかり気をとられ、方向性を決めなかったことが構造改革を停滞させ、危機再燃を招いたのは疑いようのない事実だ。ビデオメッセージにはまたもや、ビジョンも具体的な改革策もなかった。ある中堅社員が下を向いて言った。「ばかにされている気がした」

第7章

頓挫した再建計画

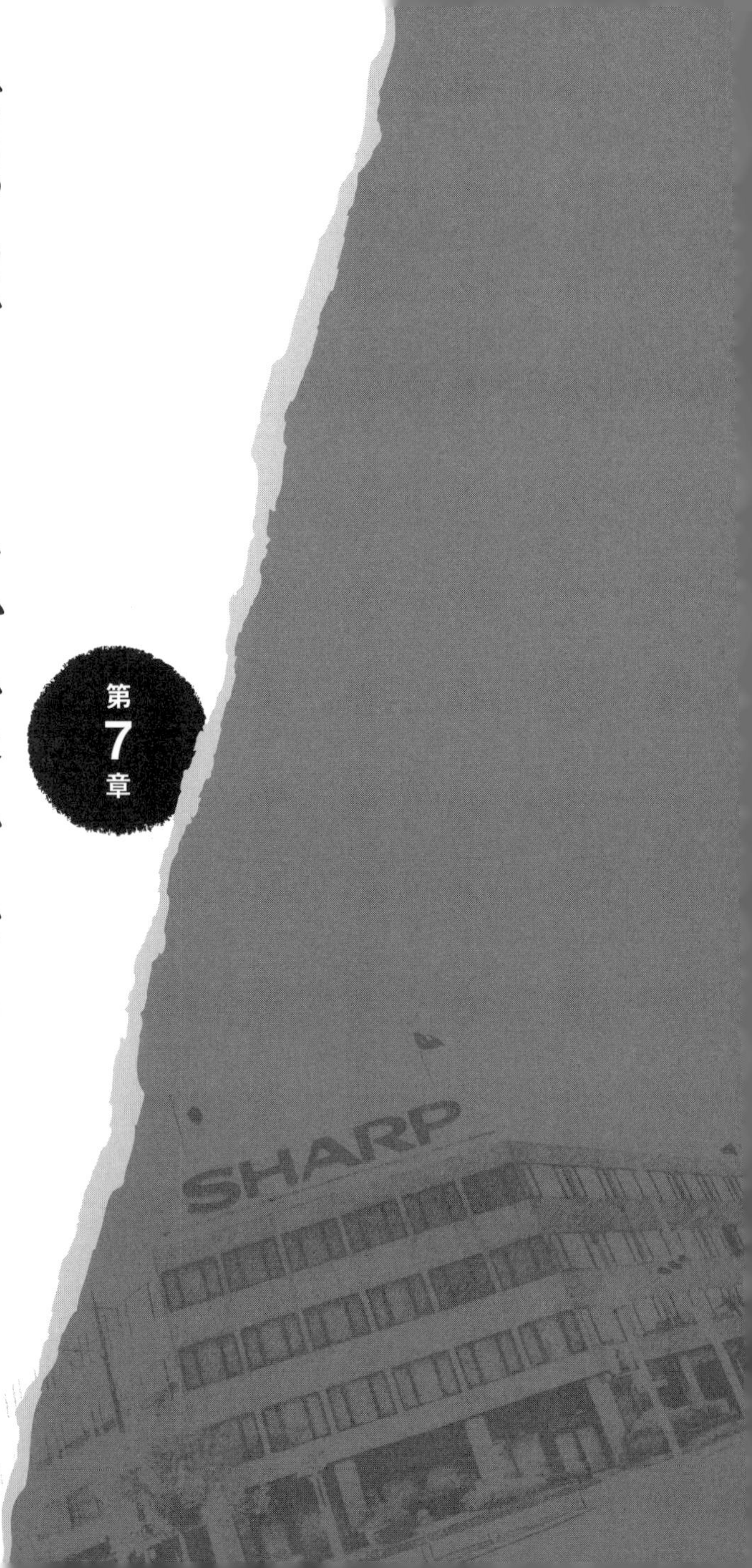

奪われた実権

「高橋（興三）さんは取引先金融機関から『社長にふさわしくない』という趣旨のことを言われたようです。足元の業績は予想以上に悪化しているし、リーダーシップも期待できない。高橋さんは顔面蒼白で、『会社を何とかしてほしい』と懇願するので精一杯だった……」

シャープと、みずほ銀行、三菱東京ＵＦＪ銀行という主力取引先2行の間で２０１５年10月に開かれた幹部会議。関係者によると、シャープ社長の高橋にはこんなやりとりで、「最後通牒」が突き突けられたという。

それも無理はない。15年5月に策定した再建計画が早くも頓挫したからだ。15年4－9月期の連結決算は、最終赤字が８３６億円だった。高橋が「必達目標」としていた16年3月通期に８００億円の連結営業利益達成が不可能になった。

業績の悪化は、主力2行にとっては結果を出せない高橋に配慮することなく、銀行主導で新たな再建の道筋が描いていけるということでもあった。金融関係者はこう証言する。

「本当はシャープの経営危機が再燃した15年1月から、真剣に再建策を決めるべきだった。だが、あまりリストラをやりすぎると、特別損失が膨らみすぎ、主力2行も追加的な資本支援が求められかねない。そんなジレンマから、5月に発表した再建計画は中途半端に終わった。ただ、高橋さんにやらせてうまくいかなければ、すぐにもっと本格的な案を考えていけばよかった」

銀行にとって最優先すべきことは、浮き沈みの激しい液晶事業をシャープ本体から切り離すことだった。他社との交渉次第では多額の資金を回収できる可能性もあり、都合が良いからだ。

液晶だけが悪者か

「今回の業績の下振れは、（液晶を柱とする）ディスプレイデバイスカンパニーが主な原因です。（液晶の売上高などが）非常に大きいから決して楽観しているわけではありません。ただ、液晶を除いた主な部門はほぼ想定通りの進捗です」――。シャープ社長の高橋は15年10月30日、4―9月期の決算発表でこう強調した。それはまるで、主力2行の思いを代

図表7-1　液晶の不振が業績を大きく引き下げている

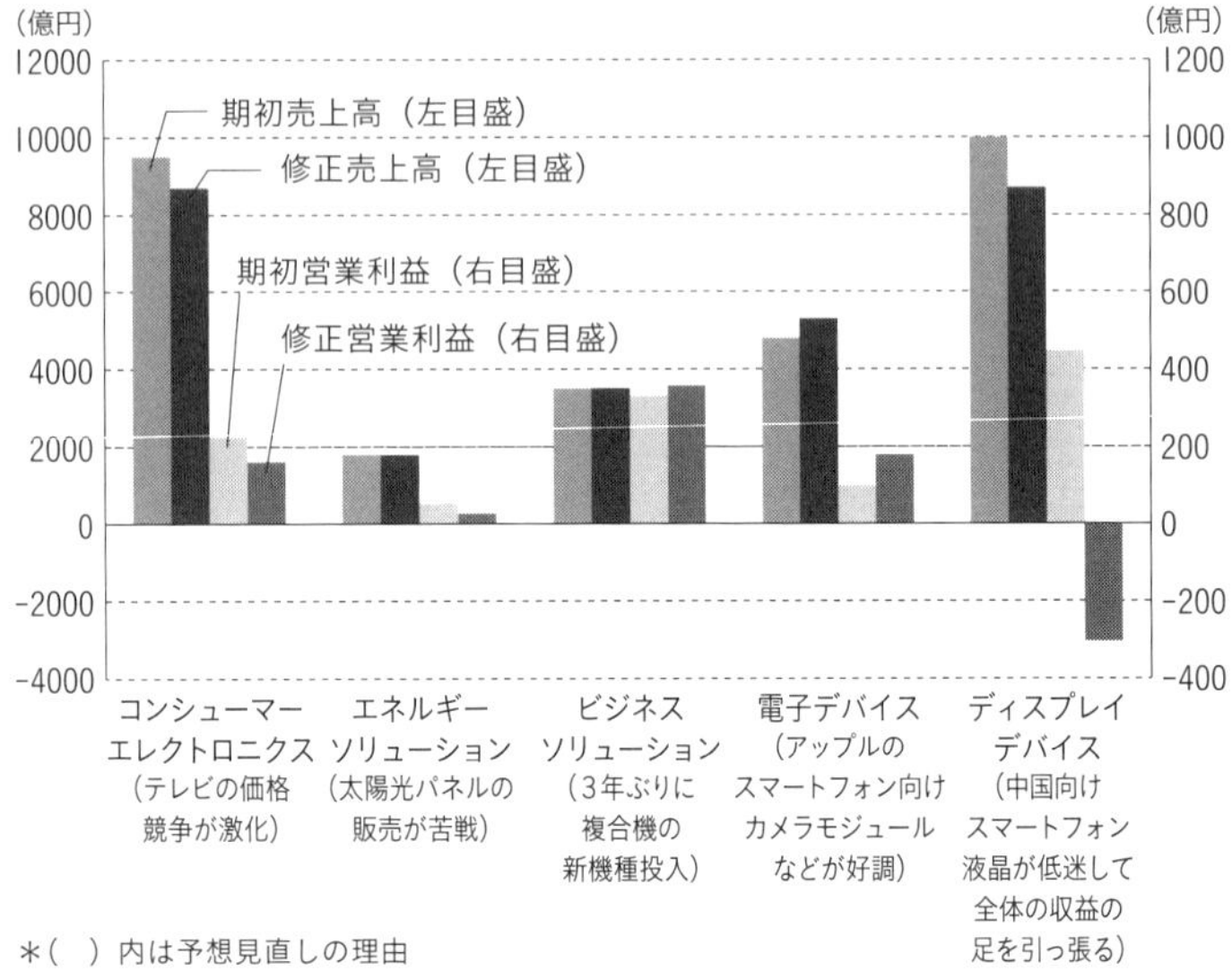

＊（　）内は予想見直しの理由
期初予想は15年5月時点、修正予想は15年10月時点

弁しているようだった。

液晶事業は連結売上高の3分の1を占めてきた最大の看板だ。5月の再建計画の発表時には、「シャープの中心は液晶だ。液晶がなければ再建は無理だ」と高橋は繰り返し強調していた。ただ、液晶事業の分社化案が主力2行でも再浮上すると、7月には「（過去に決めたことに）固執するのも問題だ」と開き直った。主力2行から液晶事業の不振を責められ、「経営者失格」の烙印を押された10月には液晶事業を悪者にする。くるくる変わる高橋の発言が、社内の

士気を下げていった。液晶部門の複数の幹部はこう嘆く。

「液晶がいらないというような発言にはがっかりした。会社の発展に貢献してきたし、シャープの象徴ともいえる事業だったはず。高橋さんは液晶が分からないし、愛着がないのかもしれない。現場のやる気はなくなる一方です」

10月30日の記者会見では、「社長に求心力があると思うか」という単刀直入な質問も飛んだ。高橋は、「事業所を訪問していても、社員から私に求心力があるとは直接言われるわけではない。社員の求心力を保つ、上げるということはやらなければならない」と他人事のように語っていた。

逆効果の社長訓示

高橋が15年度下半期の始まる10月1日に社員に送った訓示も不評だった。

「シャープの『ブランド』『技術』『人』の３つを残したいんです。シャープブランドは創業以来１０４年目となる歴史の中で築き上げてきたものです。技術とはエンジニアリングの技術だけではありません。営業、サービス、生産など、会社を運営する上で必要なすべての技術を磨き上げる。それらを実現するのは『人』であり組織。この3つにしっかり取り組んでいきたい」

この発言に社員が怒るのは当然だった。前日の9月30日には希望退職で3000人を超える社員が会社を去ったばかり。社内ではあいさつに回る退職者がひっきりなしだった。毎日のように退社を告げるメールが行き交い、社内の雰囲気は沈痛だった。

「（前回の経営危機である）3年前に希望退職を募っていたときにはまだ頑張れると思ったが、今回は自分から手を挙げた」「会社の雰囲気が変わってしまった。自分の収入は半分くらいになるはずだけど、再就職先を探したい」――。高橋の発言は、無念の気持ちで退社する社員たちの気持ちも逆なでしていた。

この社長訓示では社員を唖然とさせたこともあった。13年6月の社長就任以来掲げてきた自らのキャッチフレーズ「けったいな文化の否定」を翻したことである。高橋はこう語った。

「社長に就任してから、『けったいな文化』である過去の破壊に注力していたことは私の大きな反省です。新しいシャープを創っていくことが私たちの使命。（10月1日からの）カンパニー制導入をはじめとする新しい組織や制度は、新生シャープを生み出すためのものです」

けったいな文化とは高橋が社長就任会見で披露した「造語」であり、社内では流行語になったほど多くの社員が使った。有力ＯＢの社長経験者らが介入して経営や人事がねじ曲げられる風土を痛烈に批判したものだった。社員からは、「経営が傾き、会社の先行きが危ぶまれているときなのに、掲げてきた旗を今さら降ろす意味があるのかどうか。高橋さんはいつもピントが合っていない」と受け止められた。

稲盛イズムのまね

「動かすエレベーターは１カ所で１つ」「部屋の照明も間引くように」「机や椅子の購入は控えるように」――。社員の士気をさらに下げたのが、10月中旬に出た社内通達だった。コスト削減のための「ケチケチ作戦」だった。

社長の高橋が10月30日に社員向けに送ったメッセージは、「収益よりキャッシュを優先するぐらいの気持ちで全社を挙げて取り組みたい」だった。シャープは10月下旬に16年３月期通期の連結営業黒字見通しを当初の８００億円から１００億円に下方修正している。

100億円の営業利益という目標達成より、足元の資金繰りの危うさを懸念する高橋の訴えだった。高橋に仕えたことのある社員もあきれて語る。

「高橋さんが京セラ名誉会長の稲盛和夫さんを信奉していることは有名です。日本航空の再建のときにわずかな無駄もなくすように強く求めていた。ただ、稲盛イズムの根底には従業員の幸福があります。高橋さんは表面的に稲盛さんのまねをしてケチケチさせているだけ。希望退職で3000人以上を路頭に迷わせているのだから、稲盛さんの名前を出すこと自体がおこがましいのですが」

自社製品を買って

11月16日、社員だけが見られるインターネットのサイトに、「シャープ製品　特別社員販売セールの実施について」というタイトルの文書がアップされた。全従業員向けのメッセージの送り主は代表取締役専務執行役員で、家電やテレビなどを所管する社内カンパニーの社長、長谷川祥典だった。

長谷川は15年6月、経営危機再燃で高橋を除く4人の生え抜きが代表取締役を辞任した際に昇格した。有力OBによると、「シャープ社内で残された数少ないエースの1人」だ。今では当たり前になっているカメラ付き携帯電話を00年に発売し、大ヒットさせた実績がある。だが、社内では「貧すれば、鈍する」と評判の悪い自社製品購入セールを呼びかけたことに失望の声が渦巻いた。長谷川は社員にこう訴えた。

「全社的な取り組みとして、社員が一丸となって当社製品の拡販取り組みを推進することになりました。主旨をご理解いただき、積極的な参画により、この厳しい難局を乗り切れるよう、絶大なご協力をお願いいたします」――。

文書には税抜きの目標金額も明記された。カンパニーの副社長級にあたるEVP、執行役員、取締役以上は1人20万円、部長などの管理職は10万円、一般社員は5万円。15年11月20日～16年1月29日の期間限定で、さらに「重点推進期間」を設けて11月20日～12月25日と明示した。購入額の2％を還元する「特典」もつけた。

セール開始を翌日に控えた11月19日。液晶テレビの主力生産拠点、栃木工場（栃木県矢板市）で、記者団の囲み取材に応じた執行役員の小谷健一は「設定金額は事実上のノルマなのか」と問われ、苦しい受け答えに終始した。

「決してノルマうんぬんではない。これぐらい買ってくれるだろうなと。ランクによって数字をつけたが……。やはりこれぐらい購入いただけたらいいのではないかということで設定しているだけです。（一般社員の5万円の購入は）結構大きな金額です。すでにあるアクオスのテレビをまた買ってほしいというのではありません。健康環境商品でも良い商品があるし、幅広く自社の商品をきっちり購入していただきたい」

社員たちの反応は当然冷たい。「冬の賞与も1カ月分に減らされたのに、5万円分なんて絶対買いませんよ」。経営再建で社員が納得する立て直し策を打ち出せず、賃金カットや自社製品購入ばかり現場に求めていては、経営陣の求心力が下がるのも当然だった。

実は経営危機に伴う自社製品購入セールは、パナソニックに吸収されて事実上消滅した旧三洋電機が同じようなことをしていた。三洋電機は新潟県中越地震による半導体工場の被災などで、05年3月期に巨額赤字に転落。三洋経営陣は「BUY SANYO 運動」でノルマを設定して自社製品の購入を求めた。社員からは不評で、長年君臨してきた創業家の井植一族への不満が噴出するきっかけにもなった。

シャープ社長の高橋は「三洋電機のようになりたくない」が口癖の1つだ。だが、三洋電機の元社員は冷静に分析する。「最近のシャープを見ていると、会社が傾いていった三洋とそっくりになってきている」

取引先の懸念

シャープの業績が回復せず、資金繰りの悪化が報道されるなかで、機敏に反応しているのが取引先である。「シャープからの受注を受けて社内で手続きを進めようとしたら、取引の上限額が設けられていて引っかかり、認められなかった」

シャープの工場に機械や資材を納入する取引先の間で、シャープの経営を懸念して取引額に一定の制限を設け、稟議が通らない企業が増えているという。

シャープ社内では、目先のキャッシュを確保するために、「売れるものは何でも売れ」という大号令が出ている。15年9月28日には本社ビルをニトリホールディングス傘下のニトリに、道路を挟んで向かいの田辺ビルをNTTグループの不動産会社に売却すると発表した。11月下旬には、堺工場の遊休地を大和ハウス工業に売却する方向で交渉に入ったことも明らかになった。堺の遊休地は60万平方メートルほど。このうちの半分を100億円程度で売却することを想定しているという。社員の間では、こんな嘆きの声も出ている。「売れる価値のあるものは社内にはもうほぼ残っていない。会社もここまで追い詰められたのかという感じです。しかも、不動産を売却しても、金融機関への返済に回るだけではないのか。本当に資金繰りが改善されるかは疑わしい」

「液晶事業を切り離せ」

高橋は中間決算で赤字を計上するなかでも、自宅に早い時間に戻ることが少なくなかった。午後5時に会社を出て6時前に帰宅することもあった。「話が盛り上がりにくくて会食の予定もあまり入らない」という。

本来、液晶事業の分社化交渉などで忙しいはずだが、主力2行などが中心となっており、ほとんど出る幕がない状態だ。出資元としては経済産業省が所管する官民ファンドの産業革新機構と、その傘下にあり、日立製作所、東芝、ソニーの液晶事業を統合して12年に設立したジャパンディスプレイ（JDI）が有力候補だ。

産業革新機構は15年10月下旬、シャープに対して本体出資を極秘裏に提案した。産業革新機構は半導体大手のルネサスエレクトロニクスの設立時もそうだが、過半数の株式を握り経営者も派遣して再建を担う。

もともとはシャープの液晶事業を分社化させ出資し、産業革新機構が筆頭株主である液晶パネル大手のＪＤＩと統合することが検討されていた。

「国が旗を振らないと」

「ＪＤＩは中途半端だった。産業再編は未完だと思う。やはり国が旗を振らないといけない」――。経産省幹部は15年1月16日に有識者を集めてこう語った。東京・霞が関にある経産省17階で開かれた極秘会議は、シャープの経営危機再燃が表面化する3日前という絶妙のタイミングだった。

会議に参加した三菱東京ＵＦＪ銀行幹部は、「（シャープは）経営危機になると、みんなが頑張るが、少し業績が上向くと気が緩むし、強気になって言うことを聞かなくなる」とし、「シャープは今こそ何かすべきだ。できると思う」と強調した。

シャープの再建計画作りでは、液晶事業の切り離しが検討されていた。液晶は最大の看板事業だが、韓国や台湾などの競合メーカーとの価格競争が激しく、多額の設備投資も必要になる。財務体質が脆弱なシャープが事業を継続するのは難しいというのが、主力2行の見立てだった。液晶事業を分社して株式の大半を譲渡すれば、負債の削減や他事業の成長投資に回せる。出資者は産業革新機構以外には見当たらなかった。というのも、産業革新機構主導で再編すれば、日本の電機産業の競争力向上に寄与する可能性がある。業界関係者はこう指摘する。

「液晶は産業として考えないといけない。シャープの液晶事業の人員は5000人弱に過ぎないが、日本全体の雇用で見れば大きい。フィルムメーカーなどを含めれば、100万人ほどが関わっている。シャープを救うという視点だけで再編を考えるべきではない」

「3000億円で買いたい」

実は14年秋、シャープの液晶事業の買収を巡る動きが出ていた。JDIと産業革新機構で役員を務める幹部がシャープ首脳に面談を求めていた。シャープ幹部はライバル企業に会うのはよくないと考えて断ったが、提案の中身は「3000億円でシャープの液晶事業を買い取ってJDIと統合する」ことだったという。ほぼ同じ時期、外資系証券会社もシャープの液晶事業を3000億円で買収しようと動いていた。

15年4月にはシャープ経営陣も液晶事業の分社化に前向きになり、産業革新機構に出資を求める方向で交渉に入る方針を固めた。当時、副社長執行役員で、財務統括だった大西徹夫が交渉役となった。だが、産業革新機構の社長だった能見公一が乗り気ではなく、主力2行の思惑とも違ったために先送りになった。三菱東京ＵＦＪ銀行は5月に発表した再建計画に液晶事業の切り離しを盛り込みたかったが、みずほ銀行は少し様子見をしてから、という立場だったという。

主力２行の反発

経産省は6月、日産自動車副会長の志賀俊之を産業革新機構の会長兼最高経営責任者（ＣＥＯ）に据えて、シャープとの再交渉のタイミングを計った。それが15年10月であり、いつの間にか液晶事業ではなく、シャープ本体に出資する構想となっていた。本体に出資すれば、複写機や白物家電など多くの事業で他社との提携を仕掛けることができる。産業革新機構は「業界再編を主導して日本の産業競争力を高める」ことをモットーとしており、シャープ本体への出資は現経営陣を交代させて自らが再編を担う意味合いもあった。

これには主力2行が反発する。「シャープ本体への出資でお茶を濁されては困る。シャープにとって最大の経営課題は液晶事業をどうするかだ。本体出資だけして、銀行には債権放棄を求めるような虫の良い話は許されない」と、金融関係者は証言する。

もちろん、シャープ本体への出資は世論の批判を招きかねない。それは産業革新機構が危惧することだった。経営判断のミスで危機に陥った企業に税金で助け舟を出すとも受け取られかねない。このため、名分が立ちやすい液晶事業への出資も検討した。

鴻海の思惑

ただ、産業革新機構の言う通りにシャープや主力2行が動くかどうかは確証がなかった。液晶事業を高く売りつけるならば、最有力候補は台湾の鴻海精密工業になるからである。

10月下旬。台湾の鴻海精密工業董事長の郭台銘（テリー・ゴウ）は、都内でみずほ銀行の幹部と向き合っていた。「いったい、シャープの誰と話をしたらいいんだ」。郭はいらだちを隠せないでいた。そもそもこのときに本当に会いたかったのは、決算発表のために上京していたシャープの高橋だった。いろいろと要求されると懸念したのか、高橋には面談を断られていた。12月下旬にようやく両者は会ったが、郭は手応えを得られなかった。シャープ副社長の大西は、15年夏の鴻海との事前折衝で「数千億円で売却できる」との感触を得ていた。このため、経産省や産業革新機構に対して強気の姿勢に転じたが、その態度が顰蹙《ひんしゅく》を買った。

鴻海はスマートフォンメーカーなど液晶パネルの顧客を世界で数多く抱えており、シャープの液晶事業の工場や従業員も維持しやすい。一方、ＪＤＩと統合することになれば、シャープの液晶部門では工場閉鎖など大リストラが避けられなくなる。

しかも、シャープと鴻海は液晶テレビ向けのパネルを生産する堺工場を共同運営している。郭はシャープの最大顧客の米アップルも引き込もうと動いた。アップルにとって、スマートフォン向けパネルは３社購買が原則である。韓国のＬＧディスプレー、日本のＪＤＩとシャープの３社だ。シャープがＪＤＩと統合されると安定調達に加え、調達コスト削減にも影響が出かねない。

もちろん、シャープの経営陣にはこれまでの提携交渉で何度も振り回された鴻海の郭へのアレルギー感情は強い。事業売却交渉が本格的に進むのかどうかは不透明だ。

エース不在のツケ

シャープの液晶事業は以前と比べて収益力が急速に低下している。15年10月には16年3月期の事業損益を大幅に下方修正した。当初は450億円の黒字を見込んだが、300億円の赤字予想になった。合計で750億円も引き下げている。

中国景気の減速を受けてスマートフォン向けの液晶パネルの販売が低迷していることが最大の原因という。世界的にもスマートフォン市場は鈍化しており、今後さらに下振れしかねない。分社化して他社に出資を仰いだり、事業を丸ごと売ったりしても、多額の資金は回収できそうにない。液晶部門の幹部はこう語る。

「良くも悪くも、シャープの液晶事業には、元社長の片山（幹雄）さんら世界に名前の知られたエースがたくさんいました。15年3月期の巨額赤字で、責任をとらされた専務の方志（教和）さんも中国のスマートフォンメーカーから信頼され、大型受注がとれていた。高橋さんが液晶部門を悪者にしたことで、多くの優秀な人材が愛想をつかして、離れていった。事業として高く売れるのか疑問だ」

方志が食い込んだ有力顧客が、中国のスマートフォン大手として快進撃を続けてきた小米科技（シャオミ）の創業者で董事長の雷軍だった。シャープの経営危機を聞いた雷は、「1000億円ぐらい出資してもいい」と話したという。それほど方志を信頼していた。シャオミがまだベンチャー企業だったころ、液晶を唯一大量に供給してくれたからだ。方志を更迭したことで雷軍の怒りを買い、シャープは受注が難しくなっているという。エースが不在となったツケはこれから大きくなりかねない。

液晶分離のリスク

シャープが液晶事業を切り離しても明るい未来は描けない。みずほ証券のシニアアナリスト、中根康夫はこう指摘する。

「液晶がなければ、残ったシャープ本体のビジネスも成り立たなくなる可能性がある。これまでのシャープは、液晶や半導体の技術と商品企画のアイデアの2つを組み合わせて完成品にしていた。液晶がなくなれば、それを使うテレビやスマートフォンなどの競争力が落ちるリスクがある」

シャープ社内では浮き沈みの激しい液晶事業を切り離せば、「昔のようにこぢんまりしたシャープに戻れる」との楽観的な声がある。ただ、７０００億円余りある有利子負債を減らしていける稼ぎ頭が見当たらない。そもそも、液晶に巨額投資をする前のシャープはこぢんまりしていたが、潤沢な手元資金を持つ優良会社だった。だから、自由闊達に独創的な商品の開発に挑むことができた。

魅力なき太陽電池

シャープは液晶以外にも不振事業を数多く抱える。太陽電池と液晶テレビなどは依然として大きなリスクである。

「太陽光パネルは売却や撤退がささやかれているが、実際は手の打ちようがない状況だ。シャープ社内の全事業の中でも、最も買い手が見つかりそうにない」――。社内でそうささやかれているのが太陽電池事業だ。「進むも地獄、引くも地獄」である。

これまでに欧米で事業を撤退するなどのリストラを実施しただけで、安定して収益を稼いだ米国の太陽電池子会社も15年に売却してしまった。再生可能エネルギーの固定買い取り制度の見直しにより国内の太陽電池事業は一気に冷え込み、回復も見込めない。

材料のシリコンを高値で購入する契約がネックだ。転売が禁止されている分だけで３８６億円にも上る。太陽電池を生産する堺工場の運転に関わる電気代なども長期契約を結んでいる。

４Ｋは本当にバラ色か

「テレビ事業は15年７―９月期に黒字転換できた。15年度下期、16年度にかけても安定した黒字体質に持っていける」――。液晶テレビを主力とするデジタル情報家電事業本部長で執行役員の小谷健一は、15年11月、メーンの生産拠点の栃木工場でこう強調した。

フルハイビジョンの４倍の解像度がある「４Ｋ」テレビの好調な販売と、不採算の海外事業のリストラ完了が根拠だった。だが、激戦のテレビ市場でシャープが競争力を維持できるかは見通せない。

シャープは15年度の４Ｋテレビの国内生産台数を前年度から倍増すると言うが、たったの10万台弱に過ぎない。４Ｋテレビは需要拡大が続くものの、韓国の大手メーカーなどが低価格品を投入しており、40インチを超える大画面モデルでも10万円を割り込んでいるケースもある。とても、安定して稼げるビジネスではない。

シャープは日本、中国、アジア、北米、欧州の5地域に分けてテレビを展開してきた。このうち欧州は、生産拠点などをスロバキアの家電メーカーに売却した。北米でも、世界屈指の大型拠点であるメキシコの工場などを、中国の家電大手、海信集団（ハイセンス）に売却した。赤字が続いてきた北米と欧州では止血できたが、国内はもとより、中国や東南アジアでも価格競争は一段と激しくなっている。シャープの規模で生き残れると考えるのは少し楽観的すぎる。

アップル依存の憂鬱

数少ない高収益事業はスマートフォンのカメラ向けの部品などを主力とする電子デバイスだが、液晶と同じく米アップルへの依存が大きいことが悩みだ。ある電子部品の取引先幹部がこう証言する。

「シャープの電子デバイス部門は相変わらず強気ですねえ。事業説明会後の懇親会で会費を取るんですから。ソニーや東芝でも会費なんか取られたことないですよ。さすがに液晶事業ではやめたみたいですけど……」

電子デバイスカンパニーの本拠地である福山工場があるのは、広島県福山市大門町旭だ。2代目社長の佐伯旭が広島出身であることから名付けられた場所である。シャープは11月9日に三重県亀山市で液晶事業の説明会、翌10日には福山市で電子デバイス事業の説明会をそれぞれ開いた。説明会後の懇親会で会費を徴収するのはシャープの恒例だ。さすがに巨額赤字で取引先からそっぽを向かれつつある液晶事業ではやめたものの、電子デバイス事業のときはきっちり徴収した。

電子デバイスカンパニーは「隠れた優等生」だ。16年3月期の連結売上高は前期比20％増の５３００億円、営業利益は同27倍の１８０億円を見込んでいる。15年10月に従来予想を売上高で５００億円、営業利益で80億円それぞれ上方修正した。好調の原因はアップル向けが伸びていることだ。

シャープはカメラ関連部品に加え、中央部のボタンを供給している。ＪＤＩやＬＧディスプレーなどとの競争にしのぎを削る液晶と違って、これらの商品は圧倒的なシェアを握っている。だが、電子部品事業の元幹部は冷静にこう語る。

「液晶パネルではアップルに依存して収益が大きく変動してきた。電子部品でも新興メーカーが追い上げており、いつまでも利益をたくさん稼ぐことは難しい。もうかっているうちに日本電産やソニーに売却した方が得策ではないのか」

虎の子稼げず

社長の高橋の出身でもある、複合機を中心とするビジネスソリューションカンパニーも成長を見込みにくい。トナーやインクで稼ぐビジネスモデルのため、安定して稼げる「虎の子」といえる事業である。カンパニー社長にはエースの1人とされる常務執行役員の向井和司が就いた。ただ、15年3月期の売上高は3403億円で営業利益率は9・2％と、5つの社内カンパニーの中で最も高かったが、3年後の18年3月期の目標は売上高4000億円、利益率9・0％と控えめだ。

米調査会社IDCによると、コピーやファクシミリのできる複合機の世界市場でシャープのシェアは14年に9％と業界6位。安定的に黒字が出るビジネスモデルとはいえ、業界内の立場は安泰ではない。キヤノンやリコーなど世界的な大手企業が強いなかで、シェア拡大は難しい。韓国サムスン電子との合弁事業に切り替えようとしたのは、「黙っていてはじり貧になるだけ」（幹部）だったからだ。

「東芝は赤字だろ」

「東芝さんの白物家電は赤字だろ、ウチは黒字だ」。高橋は周囲にこう話しているという。不正会計問題で揺れる東芝の社長の室町正志が15年12月7日、東芝の不採算部門の1つである白物家電を巡り、シャープの同部門と統合する構想を「選択肢の1つ」と記者会見で指摘したことを受けた発言だ。

シャープ社内からも、「液晶を切り離して、さらに白物家電まで切り出して東芝と統合したら、うちにはいったい、何が残るのか」という声が上がる。

最近は、「ヘルシオお茶プレッソ」や、水を使わず自動で調理する電気無水鍋「ヘルシオホットクック」などが好調だという。ただ、大ヒット商品は生まれていない。「白物家電ではヒットは打てるが、ホームランがなかなか打てない。いつの間にか業界を驚かす商品が出せなくなっている。経営危機で現場が萎縮している」という見方が根強い。

ナンバー2の苦悩

それでも、シャープ社内では、白物など家電部門を中心に再建を進めていくしかないとの意見が多い。社内外で存在感を高めているのが、自社製品の購入セールを社員に通達した代表取締役の長谷川だ。15年10月1日に白物家電などを統括するコンシューマーエレクトロニクスカンパニーの社長に就いた。

長谷川は就任直後の10月6日、千葉市の幕張メッセで開かれた家電見本市「シーテック」の報道発表会でも主役となった。その演出はまるで、米アップルの故スティーブ・ジョブズを彷彿とさせた。

「最後にもう1つ、お見せしたいものがあります。これはロボットですかね、いえ、実は電話なんです。ロボット電話なんです」と、長谷川がプレゼンの最後で紹介したのは、ロボット型携帯電話「RoBoHoN（ロボホン）」だった。

ロボホンは高さが19センチで、自立歩行する。ロボホンに呼びかけると、写真を撮影してインターネットで送ったりできる。シャープが成長の牽引役とする新技術「AIoT」

を盛り込んだ。ＡＩｏＴは人工知能を意味する「ＡＩ」と、あらゆるモノがインターネットにつながる「ＩｏＴ（インターネット・オブ・シングス）」をかけあわせた造語だ。

シャープは12年からお掃除ロボット「ＣＯＣＯＲＯＢＯ（ココロボ）」など「ともだち家電」と呼ばれる製品を次々に投入してきた。ココロボではＡＩを搭載し、持ち主と対話できるようにしている。15年10月のシーテックでも新型オーブンレンジを出展した。「賞味期限が近い食材で作れる料理を教えて」と話しかけると、冷蔵庫がクラウド経由で情報を分析して「ナスとトマトの賞味期限が近いからチーズ焼きはどうかな」と答える。

長谷川は「テレビ、白物家電、通信を自社で持っているのはシャープだけ。３つを生かしたものを作っていく」と語るものの、具体的な新商品がどれだけ出てくるのかは不透明だ。

ロボホンはテレビなどでも「久しぶりにシャープらしい商品」として大々的に取り上げられた。それでも、長谷川本人は「（経営再建に向けて）ロボホンだけに任せるわけにはいかない」と本音を吐露している。

社長の高橋以外でただ１人、代表権を持つナンバー2の苦悩は、シャープが追い込まれた危機の根深さを物語っている。

終章

悲劇は終わらない

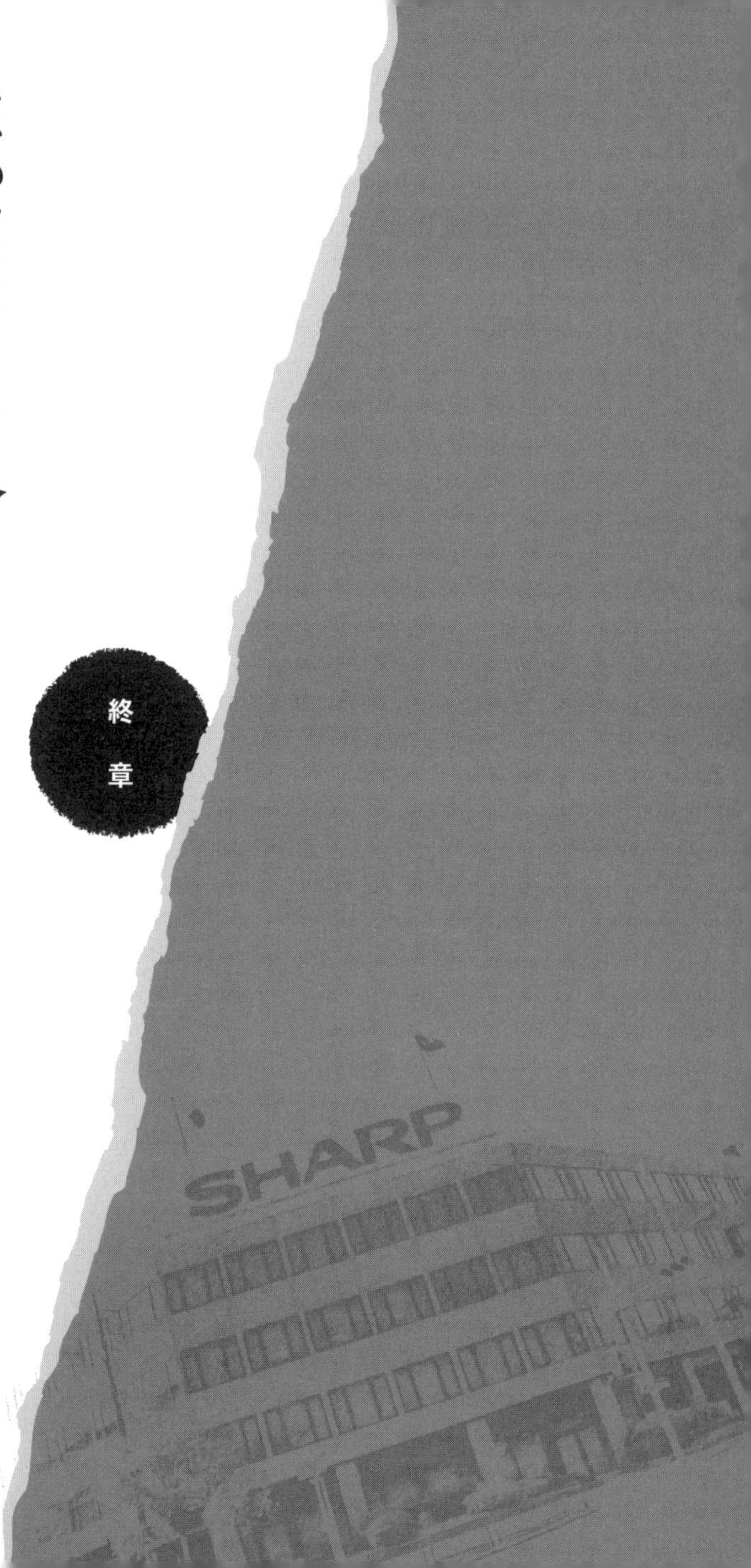

「あの男がまた来る！」

２０１６年2月5日夕、大阪市阿倍野区のシャープ本社前では50人を超える報道陣が集まり、一人の男が出てくるのを待った。電子機器受託生産（ＥＭＳ）の世界最大手、台湾の鴻海（ホンハイ）精密工業の董事長である郭台銘（テリー・ゴウ）だ。

この日、朝9時に本社ビルに入って、買収に向けてシャープ社長の高橋興三らと交渉をした。総額７０００億円とされる支援案を引っさげた郭は「午後2時にはサインできる」と自信満々だった。結局は合計8時間もロングラン交渉してから姿を現し、カメラの放列の前で、「優先的に交渉できる権利を得て署名した」と得意げに話した。

身長１８０センチメートルを超える大柄な郭は、世界の電機産業においても立志伝中の経営者である。小さなテレビの部品工場を創業してから40年余り、連結売上高15兆円という巨大企業を一代で築き上げた。しかも、主力製品は米アップルのスマートフォン（スマホ）「ｉＰｈｏｎｅ」だ。世界一厳しいとされるアップルの品質やコストの要求に対応し続けられる経営者など、郭を除けば、ほとんど見当たらない。

シャープの再建は、官民ファンドの産業革新機構による本体出資が1月末までに大筋で固まっていたが、郭は持ち前の電光石火の決断力と迫力ある交渉力を発揮し、支援条件を大幅に引き上げて交渉に割って入った。

シャープの経営陣にとって郭は「因縁の男」であり、アレルギーにも似た強い警戒感がある。多くの幹部たちも「あの男がまたやってくるのか！」とうんざりした。

12年3月に両社はシャープの第三者割当増資引き受けを柱とする資本業務提携を結びながら、郭は株価の下落などを口実に反古にした。シャープの経営陣に「丸ごと買うぞ」と恫喝したり、約束していたスマホ向け液晶パネルの技術供与料の支払いを一方的に断ったり、やりたい放題だった。

液晶技術で世界を席捲したシャープが11年から経営危機に陥ったのは、液晶への巨額投資の失敗だけではない。何よりも問題だったのは、第4代社長の町田勝彦と第5代社長の片山幹雄が、鴻海との提携などを巡って対立、激しい権力闘争が繰り返され、効果的な経営再建策が打ち出せなかったことにある。シャープ危機の引き金を引いた大きな要素が、郭の存在だった。

「灰皿を投げられる」

ただ、郭は2月5日夕、過去に何もなかったように、身ぶり手ぶりでシャープ再建への思いを報道陣に語った。「シャープはすごく有名なブランドだ。鴻海はブランドをもたない。これだけ多額の金額を出資するのはそれなりの自信があるからだ。自分は創業して42年。その経験を生かしてシャープの新たな創業という意味合いで再生していきたい」

鴻海とシャープは5日、2月29日まで買収交渉で最終合意に向けた協議をすることを表明した。ただ、鴻海の郭が署名したという「優先的な交渉権」については、シャープが即座に「事実はありません」と否定した。

シャープの幹部は険しい表情で語る。「12年に出資交渉をしていた時とやっぱり同じ。テリーが決まってもいないことを前のめりにどんどん話し、シャープ側がそれにブレーキをかける。テリーは本物の役者だ。パフォーマンスがすごすぎる。こっちの足元をみて条件をどんどん厳しくしてくるから、まったく油断ができない」

実際、当初はシャープという会社を丸ごと引き受けて再建し、雇用も維持するとしていたが、2月5日の会談後には太陽電池を切り離し、40歳以下の社員の雇用は守ることに軌道修正した。

社内で危惧されているのは、郭と交渉する社長の高橋の力不足だ。12年3月、シャープと鴻海が資本業務提携を発表した後、海外担当の副社長になったのが高橋だった。米アップル、韓国サムスン電子、鴻海など取引関係の深い世界大手の経営者らと人脈を築いていく。その中でも、高橋は郭とは家族ぐるみでつきあい、何度も酒を酌み交わした。

高橋は郭にこんな印象を抱いた。「会社を一から築き上げてきただけあって、ほかの経営者とは迫力が違う。だけど、笑顔で近づいてきても心の中は真っ黒や」

郭は交渉時に足元を見るように揺さぶりをかけ、当時のシャープ経営陣は後手に回った。高橋は最近、「いつも郭には灰皿を投げられる」と冗談めかして語っている。

鴻海による買収交渉では、みずほ銀行や三菱東京ＵＦＪ銀行という主力取引先銀行出身の役員も加わるが、百戦錬磨の郭に対してどこまで有利な条件を引き出せるか。シャープの経営陣の間では「鴻海が買収で正式契約しても、その後に出資など支援条件の見直し要求が繰り返されるのではないか」との声も出ている。

語れる経営方針がない

シャープの再建は、1月中旬から一挙に動き出した。通常、新年の仕事初めの日には社長の高橋が本社の講堂に集めた社員に経営方針を説明してきたが、今年は1月5日に簡単な音声メッセージによる訓示に差し替えられた。「高橋さんはついに強がることもできず、語るべき経営方針もなくなってしまったのか。正月早々、暗たんたる気持ちになりますね」と多くの社員が嘆いたが、その翌週から事態が急変する。

「成人の日」の祝日だった1月11日、日本経済新聞の朝刊1面でシャープが官民ファンドの産業革新機構と協議している再建案の概要が報じられると、社内は蜂の巣を突いたようになる。革新機構がシャープ本体の過半数の株式を握って国が再建を主導し、不採算の液晶事業を切り離すという内容だった。

この革新機構案は15年12月中旬に持ち込まれていた。交渉の主役は社長の高橋でなく、メーンバンク2行だった。追加的な金融支援が本体出資の前提条件となっていたからだ。シャープは「まな板の上の鯉」であり、さすがに高橋も語れることがなくなり、年始の経営方針説明会を開くことはできなかった。

「利害が複雑すぎる」

シャープの経営再建で鍵を握った一人が、産業革新機構の会長兼最高経営責任者（CEO）の志賀俊之だった。15年12月22日、都内で開いた社内の会議でシャープ再建案を協議した後に20人ほど集まった記者たちに「本当に複雑なディールなので簡単に意思決定できない」と強調した。

産業革新機構案では、主力取引先2行の負担が大きい。15年6月に実施した債務の株式化による優先株（2000億円分）をほぼ無償で消却することと、最大1500億円の追加的な金融支援を求める。合計で最大3500億円になる。

鴻海の提案では2000億円の優先株を簿価で買い取るほか、追加的な支援を求めない。銀行にとっては夢のような案だ。それだけに、主力2行は鴻海の提案も公平に協議すべきだという方向に傾いた。みずほ銀行では、金融支援を伴う機構案だと株主代表訴訟を起こされる可能性があるとの指摘も出ていた。

経済産業省内では、主力2行に対する批判が渦巻いている。「主力取引先銀行が自分たちの都合の良いことばかり考えている。液晶への大型プロジェクトで巨額の融資をしてもうけていたじゃないか。役員を派遣していながら、経営危機再燃を避けるために何も手を打てなかった。これ以上、シャープの経営危機問題が深刻になると、アベノミクスに水を差しかねず、銀行への批判も強まるだろう。メーンバンクとしての責任をきちんと果たしてほしい」

「ゾンビ会社を税金で助ける？」

経産省が産業革新機構を通じてシャープの経営権を握り、国内の電機産業の再編を仕掛けることには当初から、世論などの批判を浴びる可能性があった。

経産省幹部は厳しい表情でこう語っていた。「液晶事業への過剰な投資といった経営判断のミスで危機に陥ったシャープへの出資は『ゾンビ会社を税金で助けるだけ』と言われかねない。シャープに対しては業界内でも同情論が少なかった。液晶で成功して威張っていた会社ですから。それでも取引先を含めれば膨大な雇用に関わっている。何もしないわけにもいかないでしょう」

ただ、東芝の経営危機が深刻になったことで口を挟みやすくなった。産業革新機構が検討しているのは、東芝とシャープの間で白物家電などの事業を統合するという案だ。国内の電機産業で再編を主導して、競争力を高めると同時に、雇用を守るという名分が立つ。

東芝は半導体と、原子力発電設備など重電の2つに経営資源を集中投下していく方針だ。家電や医療機器などは事業統合や売却に前向きな姿勢を示している。東芝にとっても革新機構が中心となって事業再編を進めてくれれば、公的な資金による支援も得られることになり、リストラもすすめやすくなる。

もちろん、その前提は、鴻海とシャープの交渉が条件面などで折り合わず、産業革新機構に頼らざるを得なくなることだ。主力2行にとっても、鴻海が約束した巨額の出資が空手形になるようだと、産業革新機構による再建に託すしかなくなる。

リストラなき再建はない

いずれにせよ、主力2行の本音はシャープ本体からの債権回収を確実にすることだ。高橋の続投を許したのは15年9月に実施した国内従業員の削減など汚れ仕事を任せるためだった。だが、すでに単独での経営再建は難しく、鴻海か産業革新機構のどちらかの傘下に入るしか生き残りの道が見えなくなっている。

主力2行の中では「高橋さんはもう必要ない。本当に経営を立て直せる能力のある経営者にやってもらわないと、こっちの責任まで問われかねない」といった声も出ている。

一つだけはっきりしているのは、「リストラなき再建」はありえないということだ。鴻海の郭は、太陽電池事業の切り離しに早くも言及した。太陽電池は堺市で生産しているが、割高な材料費の長期購入契約などがネックとなり、黒字転換が見込めない。鴻海に買収される前に、事業の撤退などが求められる可能性がある。液晶テレビの栃木工場（栃木県矢板市）などを閉じて、コストの低い鴻海の海外工場に生産を集約するシナリオもありうる。

一方、産業革新機構が経営権を握る場合には、液晶事業の大リストラが予想されている。15年10月に発足した液晶事業の社内カンパニー「ディスプレイデバイスカンパニー」には、5000人近い社員がいる。

シャープを退社した液晶事業元幹部は指摘する。

「産業革新機構が筆頭株主のジャパンディスプレイ（ＪＤＩ）がシャープの液晶事業を買収して統合したら製品も設備も重複してくる。ＪＤＩは買収の前提としてシャープに大リストラを迫るでしょう。従業員も再び削減され、工場も閉鎖されたり、設備も売却されたりする。長年、液晶で蓄えたものが全部、跡形もなく消えてしまう」

シャープの元首脳は社員たちの思いをこう代弁する。

「すでに社員たちの気持ちは会社から離れてしまっている。社長の高橋に期待する声もなくなっています。最も避けたいのは、これだけの危機を招いた高橋が続投することでしょう。シャープ社内の誰か優秀な人が突然出てきて、再生のシナリオを描いていくようなことにならないと、士気は下がるばかりです」

勝者なき権力闘争

シャープの経営再建は今後、どのようなストーリーが展開されるのだろうか。「世界の亀山モデル」としてシャープを押し上げた亀山工場が04年に稼働してから10年余り。液晶テレビで世界を制覇する拡大戦略が大失敗に終わり、つるべ落としのような転落を味わってきた。英国の劇作家、ウィリアム・シェイクスピアが描くような文字通りの悲劇だった。それでも、「シャープの悲劇」はまだ最終章にたどりついていないとの見方もある。世界のエレクトロニクス産業という最も過酷な戦場において、経営者の権力闘争で危機に陥り、優秀な人材も、成長投資に振り向ける資金も失った企業が劇的な復活を果たすのは簡単ではない。

町田と片山の対立に象徴される権力闘争が繰り広げられるうちにシャープの体力はどんどん奪われていき、生え抜き役員の権限も小さくなっていった。時に「経営のダイナミズム」の源泉とされる権力闘争だが、業績の落ち込みがひどく、自主再建の道が限りなく難しくなった会社には人事抗争の勝者などいるはずもない。

これから繰り広げられるのは、自らの地位に恋々とする保身劇かもしれない。

シャープは結局、鴻海に買収されるのか、産業革新機構の本体出資を受けて実質的に国有化されてしまうのか。主力2行が主導して不採算事業を切り離し、関西の中堅電機メーカーとして地味に生きるのか。あるいは、シャープ社内の中堅や若手が決起し、戦犯である高橋ら首脳陣に引導を渡し、規模は小さくとも自由闊達な会社として復活を期すのか。その大きな決断は近いうちに下される可能性が高い。

ただ、関係者の誰もがシャープという会社の復活を信じず、火中の栗を拾おうともしなかったなら、時間だけがいたずらに浪費され、これまで以上に悲劇的な結末になるのかもしれない。

	経営トップ	主な出来事
1912年 9月	社長 早川徳次	東京都江東区で金属加工業を創業。六畳一間でスタート
23年 9月		関東大震災で工場が焼失し、妻や子供も失う
12月		シャープペンシルの販売委託先があった大阪で再起を図る
25年 4月		国産初の鉱石ラジオ開発。金属加工技術を生かして輸入品の半分の価格にし大ヒット
50年 8月		早川は経営危機に陥っても取引先銀行からの人員削減を拒否。従業員が自発的に希望退職に応じる
53年 1月		国産初となるテレビの量産開始
61年 11月		中興の祖である佐伯旭が将来を見据え、大阪市阿倍野区の本社に中央研究所を設立
64年 3月		世界初の電子式卓上計算機（電卓）を開発し、世界を驚かせる
70年 1月		早川電機工業からシャープに社名変更
9月	社長 佐伯旭	経理の専門家として早川を支えた佐伯が社長に就任。世界のエレクトロニクス大手への飛躍を誓う
同		佐伯の決断により奈良県天理市に総合開発センターが完成。大阪万博への出展を見送り、資金を開発拠点に活用
73年 6月		世界初の液晶表示電卓を開発。液晶技術の開発に本格的に取り組む
80年 6月		創業者の早川が86歳で死去

86年 6月	社長 辻晴雄	佐伯の娘婿の兄である辻が社長に就任。営業畑で実績が豊富。佐伯は代表権のない会長に
87年 6月		佐伯会長が相談役に
88年 5月		14インチ液晶モニターを開発。壁掛けテレビの先駆けとして世界が注目
90年 4月		液晶事業部が液晶事業本部に昇格
98年 6月	社長 町田勝彦	佐伯の娘婿の町田が社長就任、佐伯は最高顧問、辻社長は相談役。町田は2005年までにテレビをすべて液晶に切り替えると宣言
2001年 1月		液晶テレビ「アクオス」を発売。ヒット商品になる
04年 1月		亀山第一工場が稼働。「世界の亀山モデル」として売り込む
06年 8月		亀山第二工場も稼働。液晶テレビの世界シェア拡大に弾みがつく
07年 4月	社長 片山幹雄	「液晶のプリンス」と呼ばれた片山が49歳の若さで社長に就任。町田は代表取締役会長として残る
09年 10月		堺の液晶パネル工場が稼働。第10世代と呼ばれる大型ガラスを使う。巨額投資が裏目に
10年 2月		佐伯最高顧問が死去

	6月		片山がスマートフォン向け液晶パネルの強化戦略を打ち出す。テレビ向けの収益悪化を補う狙い
11年	4月		液晶事業の収益が悪化し、会長の町田と社長の片山の亀裂が話題に
12年	3月		台湾の鴻海精密工業から出資を受けることで合意。液晶の堺工場も鴻海との共同運営に
	4月	社長 奥田隆司	巨額赤字転落で経営陣が引責辞任。町田会長は相談役、片山社長は代表権のない会長に。候補とされていなかった奥田が社長就任
	5月		大型液晶パネル事業についてソニーとの共同出資解消
	9月		みずほコーポレート銀行（現みずほ銀行）と三菱東京ＵＦＪ銀行が総額３６００億円融資
	12月		片山が交渉を担った米クアルコムからの出資受け入れ決定
			創業１００周年の記念すべき年に希望退職を実施。２９６０人が会社を去る
13年	3月		韓国のサムスン電子からの出資を受ける。最大のライバルだったが、財務体質悪化で財務強化が必要に

	6月	社長　高橋興三	シャープの株価が下落したことから、鴻海との出資交渉が実現せず 再び巨額赤字となり、経営陣で抗争再燃。クーデターで奥田が会長に退き、複写機出身の高橋が社長に就任。片山会長はフェローに
14年	10月		片山が日本電産副会長に転ずる。シャープの経営危機を招いた張本人なだけに批判も続出
15年	1月		15年3月期の最終損益が2期ぶりに赤字になる見通しに。経営危機再燃
	3月		みずほ銀行と東京三菱ＵＦＪ銀行に資本支援を要請。債務の株式化で自己資本比率の改善を狙う 希望退職の実施を検討
	4月		液晶事業を分社しての産業革新機構の出資を要請へ
	5月		再建計画を発表。高橋の留任に社内から強い不満。カンパニー制の導入など収益改善に直接つながらない戦略が多かった
	9月		9月末に3234人が希望退職。優秀な人材が大量に流出 本社ビルの売却先を発表
	10月		社内の事業を5つのカンパニーにする新組織を導入
	11月		社員を対象に自社製品の販売キャンペーンを実施。社内の士気が一段と下がる

シャープ崩壊

2016年2月17日　1版1刷
2016年3月2日　3刷

編　者　日本経済新聞社

発行者　斎藤修一
発行所　日本経済新聞出版社
http://www.nikkeibook.com/
〒100-8066　東京都千代田区大手町1-3-7
電話　03-3270-0251(代)
印刷・製本　シナノ印刷

ISBN978-4-532-32056-0